周　锦

山东省服装设计协会会长，太阳鸟文化、服饰、科技、教育企业的总策划，意大利中华文化时尚学院院长，中国十佳时装设计师，意大利金顶奖设计师，弘扬中华优秀传统文化的践行者。

President of Shandong Fashion Design Association. Chief producer of Sunbird culture, clothing, technology and education enterprises. President of Italian Chinese Culture and Fashion Institute. Top ten fashion designers in China. Designer of Italian Golden Top Award. Practitioner of promoting the Chinese fine traditional culture.

中国知名华服品牌"太阳鸟–德锦"创始人，"中华锦"活态传承与创新者，齐鲁锦绣的挖掘者和倡导人，米兰理工专业硕士中国学院院长，山东尼山书院邀聘教师，东华大学校外导师，天津工业大学校外导师，日本数字色彩指导级（最高级别）教师，中国礼仪学会礼仪教师，国家劳动防护委员会副主任，中国残疾人基金会特邀理事，中国标准化委员会PPE专家、委员，山东省文化产业发展协会服装设计专业委员会主任。

Founder of the well-known Chinese clothing brand "Sun-bird-Dejin", the living inheritance and innovator of "Chinese Brocade", the excavator and advocate of Qilu Brocade, the dean of Chinese Institute of Professional Master of Polytechnic Politecnico di Milano, the distinguished teacher of Shandong Nishan Academy, the off-campus supervisor of Donghua University, the off-campus supervisor of Tiangong University. Japanese digital color instruction level (the highest level) teacher, etiquette teacher of Chinese Etiquette Association, deputy director of the National Labor Protection Committee, invited director of China Foundation for Disabled Persons, PPE experts and members of China Association for Standardization, director of the professional committee of clothing design of Shandong Cultural Industry Development Association.

U0286442

投资创立和策划了中国国际华服设计大赛，组织清华大学、北京服装学院、中国纺织出版社联合策划发布《华服流行趋势》，推广中国植物染色文化体系。创办了"德锦"高级定制工作室（北京）、"中国华锦"科技面料研发中心（上海）、米兰时尚工作室、中华文化时尚学院（意大利），开办锦绣艺术馆、图书馆和博物馆；是国家发改委课题项目组专家，有近二十年的国际标准化专家、委员经历，参加和制定中国个体劳动防护（防静电服、帽）等60余项标准，为中国的劳动者制定防护标准，是职业装、防护服、防护鞋方面资深专家和设计者，拥有100余项专利。

Invested, founded and planed the China International Clothing Design Competition, and organized Tsinghua University, Beijing Institute of Fashion Technology and China Textile& Apparel Press to jointly plan and publish the Chinese Fashion Trend and promote the Chinese plant dyeing culture system. Founded "Dejin" Haute Couture Studio (Beijing), "China Huajin" Technology Fabric R&D Center (Shanghai), Milan Fashion Studio, Chinese Culture and Fashion Institute (Italy), and opened the Jinxiu Art Gallery, Library and Museum. He is an expert of the National Development and Reform Commission project team and has nearly 20 years of experience as an international standardization expert and member, participating in and formulating more than 60 standards for individual labor protection (anti-static clothing and hats) in China, also a senior expert and designer in business wear, protective clothing and protective shoes, holding more than 100 patents.

荣获2022年"中国纺织非遗推广大使"，2020年中国纺织服装行业"十大时尚引领榜样"称号。出版国家重点图书《中国古代服饰文献图解》。

Winner of 2022 "China Textile Non-Foreign Heritage Promotion Ambassador". Awarded the title of "Top Ten Fashion Leading Role Models" in 2020 by China's textile and garment industry. Author of the national key book Ancient Chinese Costume Literature Illustrated Guide.

周 锦——著

锦绣旗袍

传奇旗袍鉴赏图录

中国纺织出版社有限公司

内 容 提 要

本书聚焦中华服饰历史体系中极具美学特征和民族特色的品类——旗袍，向上追溯其起源，向下发散其美学，以求立体、完整地呈现旗袍之美。

书中展示了上百件旗袍，通过整理与归纳，将其色彩、面料、印花、绣花、形制等特征逐件记录分析，引导读者了解中华传统服饰文化的一脉相传，彰显旗袍文化在中国文化传承中的重要意义，也让世界见证中国旗袍所承载的"与时偕行"智慧和时代之美。

本书可为传统服饰研究人员及设计人员提供参考与鉴赏。

图书在版编目（CIP）数据

锦绣旗袍：传奇旗袍鉴赏图录 / 周锦著. -- 北京：中国纺织出版社有限公司，2024. 12. -- ISBN 978-7 -5229-2276-8

Ⅰ. TS941. 717. 8-64

中国国家版本馆 CIP 数据核字第 2024KJ3631 号

责任编辑：亢莹莹　魏　萌　　特约编辑：黎嘉琪
责任校对：高　涵　　责任印制：王艳丽

中国纺织出版社有限公司出版发行
地址：北京市朝阳区百子湾东里 A407 号楼　邮政编码：100124
销售电话：010—67004422　传真：010—87155801
http://www.c-textilep.com
中国纺织出版社天猫旗舰店
官方微博 http://weibo.com/2119887771
北京华联印刷有限公司印刷　各地新华书店经销
2024 年 12 月第 1 版第 1 次印刷
开本：889×1194　1/16　印张：16
字数：130 千字　定价：198.00 元

凡购本书，如有缺页、倒页、脱页，由本社图书营销中心调换

一、同袍同泽

中华文化博大精深，以群经之首《易经》为指引的天人合一哲学思想，更是成为中华民族生活与行动的智慧指南，建构了源远流长的中华文脉与历史文明。

在具体实践上，《易·益卦·象传》所言的"凡益之道，与时偕行"的思想，成为数千年来中国人生活方式的行动纲领，也塑造了中国人着装的独有理念。

古往今来，赤县神州各个地域服饰多姿多彩，但无论形式与材料如何变化，礼法与文脉都蕴藏其中。比如，在清末和民国流行的旗袍服饰，便是很好的佐证。

中国服饰文化中的"袍"史，自周代即有详细记载。其"右衽"形制，完全承袭了《礼记》的服饰思想，而盘扣亦与我们祖先的"结绳记事"息息相关。

争奇斗艳的各式旗袍是中华女性追求美好生活、个性张扬、思想解放的象征，一如张爱玲在《更衣记》中所言："五族共和之后，全国的妇女突然一致采用旗袍，倒不是为了效忠于清朝提倡的复辟运动，而是因为女子含蓄地模仿男子。她们受西方文化的熏陶，醉心于男女平权之说，因此大肆改造服装。"

民国时期政府将旗袍确定为国家礼服之一，从此造就了旗袍在女装中不可取代的地位。随着时间的流转，旗袍也因其含蓄优雅的美学特征，鲜明的民族特色，独特的艺术语言，传递着生生不息的民族精神。2011年5月23日，旗袍手工制作工艺入选了中国第三批国家非物质文化遗产，不仅凸显了旗袍文化在中国文化传承中的重要意义，也让世界见证了中国旗袍所承载的"与时偕行"智慧和时代之美。自此旗袍成为国际服装界的收藏首选。

二、翠袖红裙

我极度热爱服装，从业虽逾30载，但未曾懈怠。功夫不负苦心人，历经10年的学习思考，我认真查阅研究经史子集等史料，寻师访道，积累经验。自2010～2022年收藏了近400条清代与民国的马面裙，两年前，将其一一对照研究，精选出125条马面裙，撰写成适合服装设计师、企业家以及服装系学生等相关业者阅读的工具书——《锦绣罗裙——传世马面裙鉴赏图录》（2022年12月31日拿到样书）。2023年，这本书开始风靡市场，旋即引领了马面裙的设计、生产、销售热潮，获得了2023年度中国纺织工业联合会优秀出版物一等奖，众多图书馆争相收藏！

汉代贾谊说："爱出者爱反，福往者福来。"在马面裙著作的荫佑下，一个意想不到的特殊机缘出现了——2022年3月，我帮助孔子博物馆成立了雅乐团，并为馆员和团员们量身定制了马面裙形制的工装。同年，在陪同山东电视台采访曹县大集镇期间，我动员大家全力生产马面裙。之后我多次到曹县，致力于推动当地马面裙的原创设计及生产发展，并见证了曹县人民政府及农民们团结一致搞经济的豪迈气魄。2024年3月，我再次来到曹县时，发现有些厂家因持续生产品质普通且千篇一律的马面裙而导致滞销，于是提议要努力创新！而曹县领导也颇有远见，不断征询我的意见："未来还有什么服装品类能像马面裙一样蓬勃发展？"我想，从甲辰年起，最大的亮点大概就是袍服了，而旗袍与袍服是息息相关的！

于是，我回家打开仓库，发现从16岁跟随大姐二姐穿旗袍开始，已不知不觉收藏了近千条从1910～1960年的旗袍！在这些藏品中，有20多条纱质透明感的旗袍，是我在意大利的一个收藏家家中发现的，它们让我感受到了20世纪40年代上海人的浪漫；在江苏一家老房子里，我看到了蔡老师帮我收到的呢子旗袍，还有用钩针钩的旗袍，当时无比的激动——原来旗袍还有如此科学的保暖性；我从一位上海阿姨手里接过她祖上留传下来的几十件旗袍，她委托给我好好收藏；从上海古玩城一位以卖旗袍为生的下岗纺织女工手中，买到了她收藏的100余条旗袍（当时她以并不高的价格卖给了我，希望我能善待它们——这份嘱托至今仍令我感动不已）。而最让我感动的是，我到台湾去看望老师曾昭旭先生和师母时，他们带我领略了台湾的饮食之美和茶道之雅，期间我意外发现了一位老兵于1949年带到台湾的旗袍，旋即将其收入囊中。

这点点滴滴，从山东到苏州，从苏州到上海，从上海到福建，从山东到北京再到台湾，从中国到英国、法国、意大利、荷兰、新西兰、德国……每次看到古老的旗袍，我都会努力将其收藏到自己的太阳鸟艺术馆中，即便再省吃俭用，也要把这些华美的旗袍带回中国！

我总在想：这些收藏的旗袍，总有一天会让更多的人了解到中国服饰文化的一脉相传——从纱到布，从真丝到棉布再到化纤……旗袍的演变史千衣万面，魅力绵延。

不久前，专门请摄影师对藏品拍摄了近一个月的时间，总算对藏品的色彩、面料、材料、印花、绣花、形制做了深度的分析和梳理。期间还有一部分藏品被浙江省博物馆借展，当这些旗袍绽放在浙江省博物馆丽人行展厅时,我真心地感受到了时代的变迁!

那种有形衬托无形的服饰之美和衣道之慧,令人泪流满面。

三、时来天地皆同力

清代名士刘一明说:"要成经久不易事,早立经久不易方。"——《会心集》

米鸿宾老师说:"专注出天禄,散淡废灵明。"——《会心》

天地万物,美成在久,数十年的积累之功,至如今机缘契合,虽历时两年,但终于完成了这本《锦绣旗袍——传奇旗袍鉴赏图录》,期待本书能给从业者以参考和设计灵感,能为莘莘学子带来启迪和借鉴。

本书在写作过程中,获得了来自恩师、家人、客户以及员工们的诸多帮助,尤其是对本书给予很多指导的中国纺织出版社有限公司服装图书分社魏萌社长、亢莹莹编辑,在此一并感谢。顺祝大家诸务迎祥,善缘满满!

于甲辰年孟秋月

目录

锦绣旗袍——传奇旗袍鉴赏图录

旗袍

绪论

旗袍绮梦，前世华章

　　在晚清时期的历史长河中，一套珍贵的五色衣如瑰宝般闪耀，它们源自一位格格的衣橱。跨越时空的界限，19世纪末流传至海外。笔者历经艰辛，终将此套文物从异域拍回，使之重归故土，栖身于艺术馆中。经由无数次的深入研究、广泛请教、细致调研与严谨比对，最终证明其是旗袍的前身，该套服装的历史地位与美学价值不言而喻。

　　五色衣以青、绿、紫、粉、红五色呈现，每一色皆寓意深远，皆以四季花卉为纹，尽显自然之美。

　　绿色之衣，宛若初春的青草，生机勃勃，以植物色彩18镶之精湛工艺，全身绣满了牡丹与蝴蝶，对称之美跃然布上，仿佛诉说着古人对美好事物的无尽追求。此衣之上，牡丹盛开，繁花似锦。衣长136cm，胸围94cm，袖长70cm，每一寸皆透露着雅致与华美。

　　粉色之衣，为春夏之交的佳选，其上绣有凤鸟、孔雀与四季花卉，寓意着夏日的繁华与茂盛，预示着生命的勃勃生机。莲花盛开于衣面，清丽脱俗。衣长140cm，胸围104cm，尺寸之间，尽显宫廷服饰的精致与细腻。

　　红色之衣，则专为节庆日而备，春节期间穿着尤为适宜。其上牡丹、梅花、兰花、菊花竞相绽放，蝴蝶翩翩起舞，共同编织着繁华、富贵与美好的愿景。此衣牡丹再次成为焦点，色彩之浓烈，图案之繁复，皆彰显着节庆日的喜庆与庄重。衣长133cm，胸围100cm，袖长65cm。

　　这三套服饰，不仅见证了清代宫廷服饰的辉煌与变迁，更映射出当时"从男不从女"时代背景下，宫廷服饰与民间服饰的相互交融与影响。民间服装的朴素与实用，为宫廷服饰注入了新的活力与灵感，而宫廷服饰的精致与华美，又反哺于民间，共同奠定了中国传统服饰的独特造型与深厚底蕴。

　　本书以此为开篇，旨在引领读者穿越时空的隧道，探寻旗袍演变的瑰丽序章。愿每一位服装专业学生与从业者，皆能从中汲取灵感与智慧，获得愉悦的收获与深刻的启迪。

锦绣旗袍——传奇旗袍鉴赏图录

旗袍

第 1 章

繁花入纹，缱绻意无尽
——植物纹样旗袍篇

1.1 棕色真丝缎碎花纹旗袍

本件旗袍为20世纪50年代的棕色真丝缎碎花纹旗袍。春秋季穿着，衣长过膝。衣身较为合体，侧腰、臀处有曲线轮廓，臀以下竖直。前后片通裁不破缝。袖长及腕，袖型较为合体。领边、领圈、大襟、侧摆、底摆及袖口无包边装饰。领底1粒暗扣，大襟处4粒暗扣，腋下1粒暗扣，身侧装有拉链。

旗袍衣长111cm，胸围99cm，下摆宽90cm，领高11cm，袖长33.5cm，袖口宽28cm，衩高29cm，身侧拉链长23cm。面料上的图案为组合纹样，其中以两种形态各异的花卉以及三类不同动作和服饰风格的人物为主要元素，在主要元素周围填满了椰子树、树叶、仙人掌、马、蝴蝶等丰富元素。每一个元素都被巧妙地安排在合适的位置，从而

构成了一个完整的画面。元素虽大小不一、形态各异，但是它们之间的比例却恰到好处，相互呼应，形成了一个完美的平衡。同时，色彩运用也非常讲究，采用了传统的红、黄、绿等颜色，使整个图案更加具有古典的气息。旗袍整体呈现出活泼且轻松的气息，不仅符合现代人的审美需求，同时也保留了传统文化的韵味。

1.2

紫色刺绣绸菊花纹夹毛旗袍

本件旗袍为20世纪40年代紫色刺绣绸菊花纹夹毛旗袍厚款。秋冬季穿着，衣长过膝。衣身较为合体，侧腰、臀处稍有曲线轮廓，臀以下竖直，下摆稍有弧度。前后片通裁不破缝，袖长及手腕，袖根部到袖口等宽。领圈、大襟、侧摆、底摆、袖口等处有紫色细包边装饰。领底、大襟、腋下分别1粒一字扣，身侧7粒一字扣。

旗袍衣长110cm，通袖长125cm，胸围88cm，下摆宽94cm，领高2.5cm，袖口宽17cm，衩高19cm。裙身为紫色刺绣绸面料，内里夹毛毡，面、里料等大，在侧缝处缝合。面料刺绣纹样为菊花纹，是侧面菊花形态，用几何形简化表达。六朵大小、方向不一的菊花为一组，每朵菊花之间有散落

的菊花瓣，富有自然动态之美。每组
图案四方连续。菊花纹由深紫色丝线
绣成暗纹，具有优雅高贵感。整个纹
样以线条为主，简洁明了，既展现了
东方美，又充满了现代感。旗袍整体
优雅时尚。

1.3 红色织锦花卉纹夹棉旗袍

本件旗袍为20世纪40~50年代红色织锦花卉纹夹棉旗袍。长度及膝。衣身较为合体，身侧腰、臀处有曲线轮廓，臀部突出，下摆处有弧度。前后片通裁不破缝，袖长及腕，开衩较低，底摆及袖口都饰有黑色细包边。盘扣面料与包边面料一致，领底上、胸前大襟上及腋下各1粒、身侧6粒。

裙身为红色织锦面料，内里夹白色棉絮片，里料为同色真丝绸，面、里料等大，在侧缝处缝合。面料纹样为花卉纹样，以四方连续的方式平铺在面

料上。将花朵轮廓纹进行简化，排列松散但不失美感，黑色纹样与红色面料撞色，视觉呈现出生动的跳跃性。旗袍整体做工精致，具有古典美感。

1.4 紫红色印花织锦花卉纹夹毛旗袍

本件旗袍为20世纪50年代紫红色印花织锦花卉纹夹毛旗袍。秋冬季穿着，衣长及膝，衣身合体，侧胸、腰、臀处曲线轮廓明显，臀部较宽，臀以下竖直，下摆稍有弧度。前后片通裁不破缝。袖子长及手腕，袖型宽松，腋下袖根处沿侧缝向袖口处逐渐收紧，距袖口9.5cm处做袖开衩，并设置2粒暗扣，方便手腕活动。领圈饰有与衣身面料相同的细包边。系合处用到一字扣、暗扣和拉链，一字扣由与衣身相同的面料制成，领底、胸前大襟上分别有1粒一字扣，腋下设置1粒暗扣，大襟上设置2粒暗扣，身侧设置长29cm的金属拉链。

旗袍衣长103cm，通袖长142cm，胸围89cm，下摆宽92cm，领高4.5cm，袖口宽9.5cm，衩高

13.5cm。面料为印花织锦，里料为竖条纹毛毡，花型是组合抽象花卉，中心有3~5朵粉红色花朵，花蕊为粉色和橙色圆点，周围有齿状蓝色枝叶，两片叶片的夹角包裹黄橙色的点状花卉。花卉成组出现，近看可见面料上有条纹肌理。

1.5

深红色真丝绸菊花纹旗袍

本件旗袍为20世纪40年代深红色真丝绸菊花纹旗袍。春秋季穿着，衣长过膝。前后片通裁不破缝。袖子长及手腕，袖型合体。衣身较为合体，侧腰、臀处有明显的曲线轮廓，臀以下竖直。领圈、大襟、侧摆、底摆、袖口等处无包边装饰。领底1粒暗扣，大襟处3粒暗扣、腋下有2粒暗扣，身侧装有拉链。

旗袍衣长113cm，胸围87cm，下摆宽84cm，领高5cm，袖长31cm，袖口宽26cm，衩高30cm，身侧拉链长25cm。裙身为红色真丝绸面料，里料为红色真丝绸面料，面、里料等大，在侧缝处缝合。面料上的图案为组合团花纹，其中包含了四种不同形态的菊花。菊花的颜色有黄色和白色两种。花朵统一向上绽放且排列整齐，呈现出欣欣向荣的意境。

图案中的花朵层次丰富，色彩富有变化的同时又和谐统一。花朵的表现手法偏向于写实，各个元素按照一定的规律进行排列，占比合理、布局明朗给人以清爽的视觉体验。这件旗袍采用传统的剪裁和精美的绣花装饰，散发出浓郁的古典气息，展现了中华传统文化的韵味与优雅。

1.6
红色提花织锦花卉纹
夹棉旗袍

本件旗袍为20世纪50年代红色提花织锦花卉纹夹棉旗袍。秋冬季穿着，衣长过膝。衣身合体，侧胸、腰、臀处曲线轮廓明显，腰部内凹，臀部较宽，臀以下竖直，下摆有弧度。前后片通裁不破缝。袖子长及手腕，袖口部稍窄于袖根部，袖下有相同面料拼接。领边、领圈、大襟、侧摆、底摆及袖口无包边装饰，分别在领口、胸口大襟处和身侧共7粒暗扣。

旗袍衣长128cm，通袖长31.5cm，胸围91cm，下摆宽94cm，领高4.5cm，袖口宽14.5cm，衩高12.5cm。面料为玫红色提花织锦，里夹棉絮片，里料为玫红色棉布，纹样以两种黑白花型和米白色波点为一组，以四方连续的方式斜向排列在布料上，

具有动感。其中一种是六瓣花型，花瓣呈旋转状排列。另一个则是由三个形似花蕾的形状组成，里面是呈点状的花蕊。两者相互映衬，呈现出一种和谐的视觉效果。

1.7
夹棉旗袍
紫红色纯棉花卉纹

本件旗袍为20世纪40~50年代紫红色纯棉花卉纹夹棉旗袍。长度中等，衣长及膝。衣身较为合体，侧腰、臀处有曲线轮廓，臀部突出，下摆处有弧度。前后片通裁不破缝，袖长及腕，开衩较低，无包边。盘扣面料与衣身面料一致，领底上1粒、胸前大襟上1粒、腋下1粒、身侧3粒。

旗袍衣长105.5cm，胸围93cm，腰围81cm，下摆宽91cm，领高4.5cm，袖口宽22cm，通袖长137cm，衩高14cm。裙身为紫红色纯棉面料，内里夹白色棉絮片，里料为同色真丝绸，面、里料等大，在侧缝处缝合。面料纹样为花卉纹样，以四方连续的方式平铺在面料上。将花纹轮廓进行夸张抽

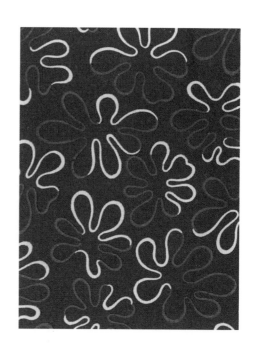

象化，运用不规则的方式进行平铺，极具现代装饰美感，黄色、蓝色撞色拼接，视觉呈现出生动的跳跃性。旗袍整体做工精致，保持传统形制的同时，抽象的纹样使得旗袍具有现代美感。

1.8

红色棉料花卉纹旗袍

　　本件旗袍为20世纪50年代红色棉料花卉纹旗袍薄款。春夏季穿着，衣长及膝。衣身较为合体，侧腰、臀处稍有曲线轮廓，臀以下逐渐收窄，下摆稍有弧度。前后片通裁不破缝，袖长至大臂。领圈、大襟、侧摆、底摆、袖口等处无包边装饰。腋下收省，身侧装有拉链。

　　裙身为红色贴花绢面料，无里料。面料贴花纹样为花卉纹，贴花花卉由黄、黑两色组成，色彩对比鲜明。上下两组花卉均为一黑一黄两朵，周围

有大小不一的叶子，增添了自然感和层次感。花卉图案黑白交错，清晰明了，与红色底料形成强烈对比。旗袍整体简约个性，适合在各种场合中展现女性的优雅和独特个性。

1.9

红色织锦花卉纹旗袍

本件旗袍为20世纪40年代红色织锦花卉纹旗袍，春秋季穿着，长度较短，衣长及大腿中部。衣身较为合体，侧腰、臀处稍有曲线轮廓，下摆稍有弧度。领宽较窄，衣袖部分有拼接，袖长及手腕，腋下处逐渐向袖口处收紧，有明显弧度。领圈、大襟、侧摆、底摆、袖口等处无包边装饰。领底、大襟、腋下分别1粒一字扣，身侧3粒一字扣。

旗袍衣长79.5cm，通袖长122cm，胸围86cm，下摆宽79cm，领高2.5cm，袖口宽10cm，衩高9cm。裙身为深红色织锦面料，里料为咖啡色真丝绸，

面、里料在侧摆处缝合，下摆不缝合。面料纹样为花卉纹，五瓣大花、多瓣小花和螺旋状细叶间隔排列，花朵中清晰可见细密花蕊。红底白花，整体风格优雅端庄。

1.10

橘色提花织锦花草纹夹毛旗袍

本件旗袍为20世纪30年代橘色提花织锦花草纹夹毛旗袍厚款，秋冬季穿着，长度较短，衣长及大腿中部。衣身较为合体，侧腰、臀处稍有曲线轮廓，下摆稍有弧度。前后片通裁不破缝，衣袖部分有拼接。领圈、大襟、侧摆、底摆、袖口等处无包边装饰。领底1粒一字扣，大襟、腋下分别1粒一字扣，身侧5粒一字扣。

旗袍衣长79cm，通袖长86cm，胸围85cm，下摆宽86cm，领高3.5cm，袖口宽 12.5cm，衩高13cm。裙身为粉红色提花织锦面料，在下摆、开衩处包裹里层棕白条纹相间的毛料。面料底纹为白色小斑点，上方纹样为植物花草纹，不同枝叶分别

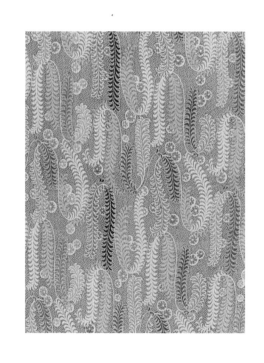

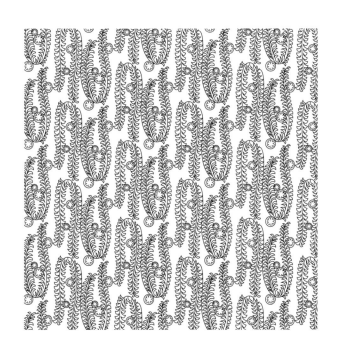

 由红色、橙色、粉色、绿色、蓝色、紫色等颜色组成，枝叶旁有相同颜色的花朵点缀。纹样整体偏向西方风格，为旗袍赋予了一种独特的美感。

1.11
旗袍
橙粉色织锦花卉纹旗袍

本件旗袍为20世纪50年代橙粉色织锦花卉纹旗袍，夏季穿着，衣长及脚踝。衣身较为合体，侧腰、臀处稍有曲线轮廓，下摆微收，稍有弧度，领宽较短。领圈、大襟、底摆、袖口均装饰有暗红色细包边。领底、大襟分别1粒盘扣，腋下1粒一字扣，盘扣、一字扣材质与包边相同。

旗袍衣长123cm，胸围88cm，下摆宽70cm，领高4cm，袖口宽17cm，衩高29.5cm。裙身为橙粉色织锦面料，织满黄色花朵，花蕊部分由三个圆圈组成，单个花瓣呈细长状，围绕花蕊精密排列开，瓣瓣分明，纹路简单而清晰，营造出一种明快、清新的氛围。花瓣的排列和层次感使整体图案呈现出一种优雅而协调的美感。橙粉色的色调既温柔又

活泼，为整件旗袍注入了些许俏皮和
甜美。花朵的纹样既体现了旗袍的典
雅，又赋予了其轻松、活泼的特质，
使穿着者在花朵的映衬下散发出一种
柔美与俏丽的气质。

1.12

棕色刺绣绸团花纹
夹棉旗袍

本件旗袍为20世纪40年代的棕色刺绣绸团花纹夹棉旗袍。冬季穿着，衣长及脚踝。前后片通裁不破缝。袖子长及手腕，袖型合体。衣身较为合体，侧腰、臀处稍有曲线轮廓，臀以下竖直。领边、领圈、大襟、侧摆、底摆及袖口饰有黑色细包边，盘扣面料与包边面料一致。领底1粒一字扣，大襟、腋下1粒一字扣，身侧7粒一字扣。

旗袍衣长125cm，胸围87cm，下摆宽86cm，领高4.5cm，袖长31cm，袖口宽14cm，衩高29.5cm。裙身为绸面料，内里夹白色棉絮片，里料为红色棉面料，面、里料等大，在侧缝处缝合。面料上的图案为组合团花纹，包括3种不同形态的花卉。花卉之间互相衬托相互呼应，主花卉较为规整，副花

卉较为复杂，两种花型之间夹杂着较小的点缀花卉。3种花型之间的繁简对比构成了花卉图案的层次丰富，色彩富有变化的同时又和谐统一，花卉自内而外绽放，错落有致，且结构清晰。旗袍整体呈现出古典气息。

　　本件旗袍为20世纪40年代棕色织锦花卉纹夹棉旗袍。长度中等，衣长及膝。衣身较为合体，侧腰、臀处有曲线轮廓，臀部突出。前后片通裁不破缝，下摆处有弧度，袖长及腕，开衩较高，领边、大襟、侧摆、底摆及袖口饰有黑色包边盘扣，盘扣面料与衣身面料一致，领底上1粒，胸前大襟上1粒，腋下1粒，衣身5粒。

　　旗袍衣长115cm，通袖长117cm，胸围78cm，腰围61cm，下摆宽90cm，领高4.5cm，袖口宽31cm，衩高25cm。裙身为黑色织锦面料，内里夹白色棉絮片，里料为黑色真丝绸，面、里料等大，在侧缝处缝合。面料纹样为花卉纹，几朵花卉与枝叶构成一个组别，以四方连续的方式平铺在面

料上。花卉色彩由红色、橙粉色、黄色、白色、紫色等构成，用金线勾勒轮廓，颜色搭配丰富，低明度的邻近色搭配，整体上和谐统一，使得旗袍具有视觉流动感与典雅庄重的美感。

1.14
灰棕色织锦碎花纹
夹棉旗袍

本件旗袍为20世纪30年代灰棕色织锦碎花纹夹棉旗袍厚款。秋冬季穿着，衣长及脚踝。衣身较为合体，侧腰、臀处稍有曲线轮廓，臀以下竖直，下摆稍有弧度。前后片通裁不破缝，袖长及大臂根部，袖根部到袖口逐渐收窄。领圈、大襟、侧摆、底摆、袖口等处有黑色细包边装饰。领底1粒花式盘扣，大襟1粒花式盘扣，腋下1粒一字扣，身侧7粒一字扣。花式盘扣样式为小花扣，盘扣面料与包边面料一致，盘扣的形状模仿花的轮廓，每粒扣都具有清晰的花瓣和细节，小巧可爱。

旗袍衣长124.5cm，通袖长46cm，胸围77cm，下摆宽89cm，领高4cm，袖口宽15cm，衩高39cm。裙身为灰棕色织锦面料，内里夹白色棉絮片，里料

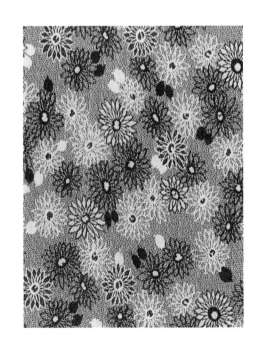

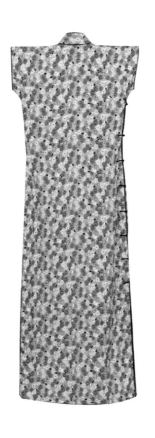

为灰紫色真丝绸，面、里料等大，在侧缝处缝合。面料织锦纹样为菊花纹，3~10朵为一簇，有黑、白、棕三色，仿佛花朵在风中摇曳，呈现一种随性和自然的感觉。黑、白、棕三色的运用赋予了图案层次感和变化性，同时也增添了简约与时尚的气息。

1.15

黄色印花棉碎花纹旗袍

　　本件旗袍为20世纪30年代黄色印花棉碎花纹旗袍薄款。春秋季穿着，衣长过膝。衣身宽松，侧腰、臀处无曲线轮廓，臀以下逐渐放宽，下摆稍有弧度。前后片通裁不破缝，袖长及肘，袖根部到袖口等宽。领圈、大襟、侧摆、底摆、袖口等处有黄色蕾丝宽镶边装饰。领面3粒盘扣，领底1粒盘扣，大襟、腋下分别1粒盘扣，身侧5粒盘扣。蕾丝花边是海派旗袍的象征。宽蕾丝边图案复杂，淡黄色蕾丝边与浅色印花面料相搭配，互相呼应，婉约妩媚。

　　旗袍衣长117.5cm，通袖长106cm，胸围79cm，下摆宽104cm，领高6cm，袖口宽18cm，衩高20.5cm。裙身为黄色印花棉面料，里料为浅绿色

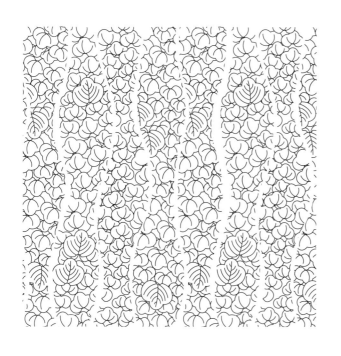

真丝绸，面、里料等大，在侧缝处缝合。面料印花纹样为落叶碎花纹，落叶形态各异，或长而尖锐，或圆润而宽阔，营造出多样性和丰富感，碎花纹之间由黄色波浪纹隔开。落叶纹为蓝色勾边，增添了轻盈和明亮感，落叶之间相互叠压，具有层次感。旗袍整体呈现出自然活泼气息。

1.16

淡橘色棉料碎花纹旗袍

本件旗袍为20世纪40年代淡橘色棉料碎花纹旗袍。春夏季穿着，衣长及大腿中部。前后片通裁不破缝。袖长及手腕，袖型较为合体。衣身较为合体，侧腰、臀处稍有轮廓，臀以下竖直。领圈、大襟、侧摆、底摆、袖口等处无包边装饰。盘扣面料与包边面料一致。领底1粒一字扣，大襟1粒一字扣和1粒暗扣，腋下1粒一字扣。

旗袍衣长86cm，胸围74cm，下摆宽77cm，领高2.5cm，袖长23cm，袖口宽21cm，衩高12cm。裙身面料为淡橘色棉料，里料为墨绿色真丝绸，面、里料等大，在侧缝处缝合。图案为四种花卉的组合，层次丰富且错落有致，色彩富有变化的同时又和谐统一。图案中小而纤细的花朵与大而威严的花

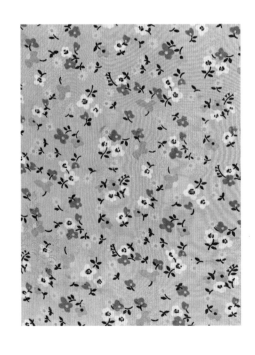

朵相互交织，形成一种随意却又繁复的视觉效果。花瓣的颜色有惹眼的橘色、鲜艳的黄色、柔和的白色和淡雅的蓝色等，各自散发出迷人的光芒。整个图案充满了生机与活力，仿佛一幅自然界的画卷跃然纸上。从整体上看，旗袍呈现出轻松而活泼的风格。

1.17 黄色织锦菊花纹旗袍

本件旗袍为20世纪50~60年代黄色织锦菊花纹旗袍。长度较短，衣长及膝。衣身较为合体，侧腰、臀处有曲线轮廓，臀部突出，下摆处无弧度。前后片通裁不破缝，荷叶短袖，开衩较低，无包边和盘扣。

旗袍衣长105cm，通袖长46cm，胸围83cm，腰围60cm，下摆宽86cm，领高5.5cm，袖口宽16.5cm，衩高16.5cm，领子处有1对挂钩、门襟处有10粒暗扣。裙身为黄色织锦面料，无里料，面料背面是由紫、蓝、红、绿、橙、黄六色构成的条纹。面料为提花织锦，纹样为菊花花卉图案，以四方连续的方式平铺在面料上。花卉整体以绿、红、蓝、紫、橙

五色组成，整体图案突出菊花纹样，菊花花瓣呈现舒展卷曲形态，呈"S"形走向，整体视觉风格在保留原具象纹样设计细节特征的同时还增加了视觉流动感，使旗袍具有清新灵动之感。

1.18
黄色提花绢花卉纹
旗袍

本件旗袍为20世纪20年代黄色提花绢花卉纹旗袍薄款。春秋季穿着，衣长过膝。衣身宽松，侧腰、臀处无曲线轮廓，臀以下逐渐放宽，下摆稍有弧度。前后片通裁，中线破缝。袖长平直及手腕，领圈处有黄色细包边装饰。领面3粒一字扣，领底1粒一字扣，大襟、腋下分别1粒一字扣，身侧3粒一字扣。

旗袍衣长109cm，通袖长127cm，胸围80cm，下摆宽120cm，领高4.5cm，袖口宽21.7cm，衩高41.5cm。裙身为淡黄色提花绢面料，无里料。面料

底纹为祥云纹，提花纹样包含三种形态的花卉，灵动写实，栩栩如生。花卉提花工艺以浅色调为基础，营造出一种清新而富有层次感的效果。整体设计透露着一种高贵淡雅的气质。

1.19

黄色绸花卉纹旗袍

本件旗袍为20世纪40~50年代黄色绸花卉纹旗袍。长度中等，衣长及膝。衣身较为合体，侧腰、臀处有曲线轮廓，臀部突出，下摆处有弧度。前后片通裁不破缝，袖长及腕，开衩较低、无包边和盘扣。

旗袍衣长103cm，胸围94cm，腰围80cm，下摆宽93cm，领高3.5cm，袖口宽21cm，通袖长125cm，衩高13.5cm。裙身为黄色绸面料，里料为同色真丝绸，面、里料等大，在侧缝处缝合。面料纹样为花卉纹样，菊花纹样运用曲线排布的方式和流动的节奏韵律，反复组合使得花纹错落有致排列，以四方连续的方式平铺在面料上。运用对比色与同类色的配色方式，将粉、绿、蓝、黄、棕五色的菊花纹样

与整体黄色衣身相搭配，形成丰富的视觉效果，同类色与对比色的灵活运用提升了花卉纹样的层次。旗袍工艺精美，纹样运用亮线织就，使得旗袍整体呈现出华丽精致的美感。

1.20

米黄色提花缎菊花纹旗袍

本件旗袍为20世纪40年代米黄色提花缎菊花纹旗袍。春秋季穿着，长度较长，衣长及脚踝。衣身合体，侧腰、臀处有曲线轮廓，臀部较宽，臀以下略收窄，下摆稍有弧度。前后片通裁不破缝。袖子长及手腕，腋下袖根处沿弧线向袖口处逐渐收窄，袖肘处曲线弧度明显，方便肘关节活动。系合处用到拉链和暗扣。领子、大襟上设置暗扣，身侧设置金属拉链。

旗袍衣长126.5cm，通袖长122cm，胸围89cm，下摆宽74cm，领高4.5cm，袖口宽5cm，衩高37cm。面料为米黄色提花缎，里料为米白色真丝绸。面

料提花纹样为菊花纹和叶子,菊花纹为黄白两色交替竖直排列,周边散落一些叶子作为点缀,菊花叶的轮廓用金色绣线勾勒,花朵内填充相应花色的暗色塑造立体感。旗袍整体华丽庄重。

1.21

淡黄色织锦菊花纹旗袍

本件旗袍为20世纪50年代淡黄色织锦菊花纹旗袍薄款。春夏季穿着，衣长及膝。衣身较为合体，侧腰、臀处稍有曲线轮廓，臀以下逐渐收窄，下摆稍有弧度。前后片通裁不破缝，袖长及手腕，袖根部到袖口逐渐变窄，袖口处有8.5cm的开衩，左右袖口各装有2粒暗扣。领圈、大襟、侧摆、底摆、袖口等处无包边装饰。领口1对挂钩，大襟、腋下共9粒暗扣。

旗袍衣长103cm，通袖长125cm，胸围94cm，下摆宽93cm，领高3.5cm，袖口宽10.5cm，衩高13cm。裙身为淡黄色织锦面料，里料为红色真丝绸，面、里料等大，在侧缝处缝合。面料织锦纹样为菊花纹，多为侧上形态，表现手法较为写实，形

态各异，或含苞待放，或热烈盛开。枝干从菊花下伸出，配合菊花叶增强了每组菊花的联系。图案1~2朵菊花为一组，6组为一个单元，四方连续排列。菊花有粉、绿、棕、蓝和米黄五色，每朵菊花由两种颜色织成，整体生动精美。旗袍整体娇俏温婉。

1.22 浅棕色真丝印花双绉植物纹旗袍

本件旗袍为20世纪50年代浅棕色真丝印花双绉植物纹旗袍。夏季穿着，衣长及膝。衣身较为合体，侧腰、臀处稍有曲线轮廓，下摆稍有弧度，连肩短袖，领子稍低，前后片通裁不破缝。领圈、大襟、侧摆、底摆、袖口等处无包边装饰。领底处有1粒暗扣和1对风纪扣，胸前大襟处3粒暗扣，腋下1粒一字扣，身侧装有拉链。

旗袍衣长101.5cm，通袖长86cm，胸围97cm，下摆宽101cm，领高3.5cm，衩高16.5cm，身侧拉链长24cm。裙身为浅棕色印花真丝双绉面料，无里衬。面料纹样为植物花草纹，叶片由白、绿两

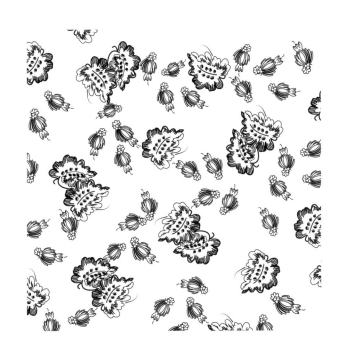

色组合而成，叶脉分明，中心点缀红色，枝叶旁白色小花、红色花瓣与绿色叶片组成花朵，整体花卉为不规则的四方连续图案。纹样整体偏向手绘线条风格，赋予旗袍独特的细节和精致感。

旗袍 1.23 蓝绿色织锦如意纹夹棉旗袍

本件旗袍为20世纪50年代蓝绿色织锦如意纹夹棉旗袍厚款。秋冬季穿着，衣长过膝。衣身较为合体，侧腰、臀处稍有曲线轮廓，臀以下逐渐收窄，下摆稍有弧度。前后片通裁不破缝，袖长及手腕，袖根部到袖口逐渐变窄。领圈、大襟、侧摆、底摆、袖口等处无包边装饰。领口1对挂钩，领底、大襟、腋下共6粒暗扣，身侧拉链长24cm。

旗袍衣长117cm，通袖长134cm，胸围95cm，下摆宽80cm，领高6cm，袖口宽13cm，衩高31cm。裙身为蓝绿色织锦面料，内里夹白色棉絮片，里料为蓝色真丝绸，面、里料等大，在侧缝处缝合。面料织锦纹样为如意缠枝纹，由深蓝绿色丝线织成暗纹。图案由如意纹、缠枝纹、法轮纹和盘长纹等吉

祥寓意的传统纹样组成。每组图案中心为如意纹，上下左右延伸出富有动态美的缠枝纹，缠枝纹之间散布着菊花纹、盘长纹等，缠枝纹与其他纹样相互交错，创造出丰富的层次感。图案四方连续分布。旗袍整体充满了传统文化的元素，饱含吉祥寓意，展现了如意、缠枝、法轮和盘长等图案的美感和独特性，散发出喜庆、祥和、优雅的氛围。

1.24

蓝色真丝缎花卉纹旗袍

本件旗袍为20世纪50年代蓝色真丝缎花卉纹旗袍。春秋季穿着，衣长过膝。衣身较为合体，无袖、侧腰、臀处有曲线轮廓，臀以下竖直，腋下与腰间收省。前后片通裁不破缝。领边、领圈有贴边装饰。

裙身为蓝色真丝面料，里料为浅蓝色真丝绸，在光线照射下能够呈现出细腻的光泽。面料上的图案为花卉与几何图形结合形成的纹样，领边、领圈

贴边有银色卷草纹装饰，领边颜色与
蓝色的衣身主体形成了鲜明的对比。
本件旗袍是中国传统文化与现代审美
的完美结合。

1.25

旗袍　蓝灰色提花织锦菊花纹旗袍

本件旗袍为20世纪40年代蓝灰色提花织锦菊花纹旗袍。春秋季穿着，长度中等，衣长过膝，衣着宽松，侧腰、臀处无曲线轮廓，下摆处有弧度，袖长及手腕，袖型宽松，袖口与袖根处宽度相同。前后片通裁不破缝。领圈饰有用衣身同种面料制成的细包边，领边、大襟无包边装饰，侧摆、底摆、袖口等有与衣身同种面料的宽包边。领底、胸前大襟、腋下各1粒一字扣，身侧3粒一字扣。

旗袍衣长105cm，通袖长128cm，胸围67cm，下摆宽111cm，领高4.5cm，袖口宽18cm，衩高43cm。面料为蓝灰色提花织锦，无里料，面料提

花纹样为45°斜向排列菊花纹，菊花
纹宽阔，由斜向条纹线排列组成。面
料柔软易褶，近看面料有细腻的肌
理，花瓣有光泽感。整体旗袍款式简
约，沉静暗雅。

1.26

旗袍 蓝色印花罗花卉纹

本件旗袍为20世纪50年代蓝色印花罗花卉纹旗袍薄款。春秋季穿着，衣长过膝。衣身较为合体，腰、臀处稍有曲线轮廓，臀以下逐渐收窄，下摆稍有弧度。前后片通裁不破缝，袖长及手腕，袖根部沿一条弧线到袖口逐渐变窄，袖下曲线在肘部有明显弧度，袖口处有8cm的开衩，左右袖口各装有2粒暗扣。领圈、大襟、侧摆、底摆、袖口等处无包边装饰。大襟3粒暗扣，身侧拉链长24cm。

旗袍衣长113.5cm，通袖长141cm，胸围90cm，下摆宽85.6cm，领高5cm，袖口宽8cm，衩高14cm。裙身为蓝色印花罗纹面料，里料为蓝色真丝绸，面、里料等大，在侧缝处缝合。面料印花纹样为花卉纹，花卉由红、玫红、白三色渐变印成，叶子为

淡绿和墨绿色，色彩鲜艳明丽。花卉1~4朵为一簇，共3组，四周点缀含苞待放的花蕾。枝干上生长着细小的叶子，呈椭圆形，叶子排列错落有致。花卉纹既典雅又娇美，明亮的配色明媚且大方。

1.27

深蓝色刺绣绸杜鹃花纹夹麻旗袍

　　本件旗袍为20世纪50年代深蓝色刺绣绸杜鹃花纹夹麻旗袍。冬季穿着，衣长过膝。前后片通裁不破缝。袖长及手腕，袖型合体。衣身较为合体，侧腰、臀处稍有轮廓，臀以下竖直。领圈、大襟、侧摆、底摆、袖口等处无包边装饰。领子装有1对风纪扣，领底1粒暗扣，大襟处3粒暗扣，腋下1粒暗扣，身侧装有拉链。

　　旗袍衣长117.5cm，胸围95cm，下摆宽92cm，领高5.5cm，袖长33cm，袖口宽21cm，衩高10.2cm，袖口开衩9cm，有两粒暗扣。衣身开衩，衩高28.5cm，身侧拉链长24cm。裙身为深蓝色刺绣绸面料，内里夹麻，里料为蓝色真丝绸面料，面、里料等大，在侧缝处缝合。面料上的图案为四方连续的

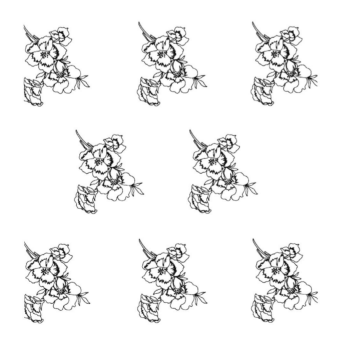

杜鹃花纹，图案由四朵鲜艳的杜鹃花构成，正中心以两朵杜鹃花为主体，其上下各点缀一朵较小的杜鹃花，每朵花瓣细致逼真，颜色绚烂夺目，绣线细腻，线条流畅，整个图案充满了生命力和美感。图案中的花卉较为写实，颜色为橘色，与旗袍的蓝色底色形成了强烈的对比。旗袍整体呈现出强烈的视觉效果，完美地融合了东方花卉的柔美和西方的色彩理念。

1.28

靛蓝色提花织锦碎花花纹
旗袍

旗袍

　　本件旗袍为20世纪30年代靛蓝色提花织锦碎花纹旗袍。春秋季穿着，衣长及脚踝。衣身较为合体，侧腰、臀处曲线轮廓明显，臀部较宽，臀部以下竖直，下摆稍有弧度。前后片通裁不破缝，衣袖部分有拼接，袖口处开衩8cm，装有2粒暗扣。领圈、大襟、侧摆、底摆、袖口等处无包边装饰。领底、大襟、腋下分别有1粒一字扣，大襟处1粒暗扣，身侧装有拉链。

　　旗袍衣长106cm，通袖长127cm，胸围95cm，下摆宽98cm，领高5cm，袖口宽11cm，衩高8cm，身侧拉链24cm。裙身为靛蓝色提花织锦面料，里料为蓝色真丝绸料，面、里料在侧摆处缝合，下摆不缝合。面料的图案别具一格，以简单而精致的三

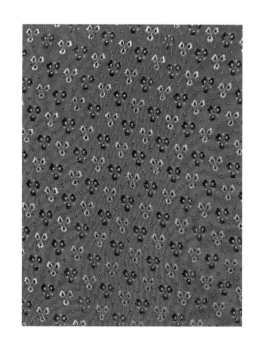

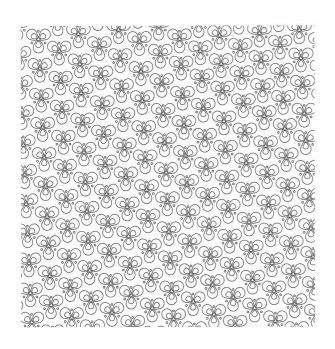

瓣花碎花纹样为特色。每朵花由三片柔美的花瓣组成，轻巧而生动。花朵分为黑黄两色间隔排布，黄花中的花蕊为黑色，黑花中的花蕊为黄色，整体色彩比例均衡。花朵之间点缀着微小的碎花，犹如梦幻的星空，将整体图案装点得更加灵动。碎花纹样简洁又别致，细腻的线条勾勒出花瓣轮廓，使整体图案在简单中不失精致，为旗袍赋予了一份柔美与优雅。

1.29 靛蓝色提花绸暗碎花纹夹棉旗袍

本件旗袍为20世纪50~60年代靛蓝色提花绸暗碎花纹夹棉旗袍厚款。秋冬季穿着，衣长过膝。衣身较为合体，侧腰、臀处稍有曲线轮廓，臀以下竖直，下摆稍有弧度。前后片通裁不破缝，衣袖部分有拼接，袖长及手腕，袖根部到袖口逐渐变窄。领圈、大襟、侧摆、底摆、袖口等处有深蓝色细包边装饰。领底1粒一字扣、1粒暗扣，大襟、腋下分别1粒一字扣，7粒一字扣。

旗袍衣长118.5cm，通袖长137cm，胸围93cm，下摆宽97cm，领高4.5cm，袖口宽14cm，衩高19cm。裙身为靛蓝色提花绸面料，内里夹白色棉

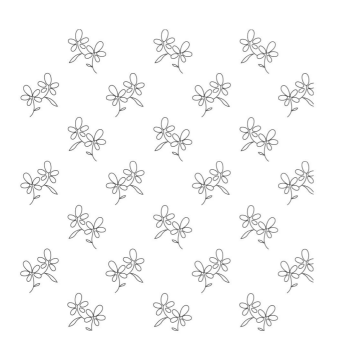

絮片，里料为黑色真丝绸，面、里料等大，在侧缝处缝合。两朵五瓣花片的小花与枝叶组合在一起形成一个组别，以四方连续的方式排列在面料上。每个花瓣线条清晰，轻盈地绽放在面料上，勾勒出一种富有动感的生命气息。

1.30
玫红色缎料菊花纹
夹棉旗袍

本件旗袍为20世纪50年代玫红色缎料菊花纹夹棉旗袍。冬季穿着，衣长过膝。前后片通裁不破缝。袖子长及手腕，袖型合体。衣身较为合体，侧腰、臀处有较明显的轮廓，臀以下竖直。袖口开衩，开衩处有2粒暗扣。领圈、大襟、侧摆、底摆、袖口等处无包边装饰。胸前有1对风纪扣，领底1粒暗扣，大襟处3粒暗扣，腋下1粒暗扣，身侧装有拉链。

旗袍衣长111cm，胸围87cm，下摆宽82cm，领高5cm，袖长30cm，袖口宽18cm，衩高18cm。裙身为玫红色织锦面料，内里夹棉花，里料为玫红色真丝绸，面、里料等大，在侧缝处缝合。面料上的图案为组合花纹，包含两种摆放整齐且形态各异的花

卉。两种花朵相互交错，形成和谐而美妙的对比效果。每朵花都被细致地绣出，细腻的线条勾勒出菊花的曲线和纹理。整个刺绣纹样既显示出花朵的真实之美，又展现了绣工的技巧和艺术表现力。图案中的花卉轮廓较为写实，花卉的颜色为深蓝色，与旗袍的玫红色底色形成了强烈的对比。旗袍整体呈现出强烈的视觉效果，完美地融合了东方花卉的柔美和西方的色彩理念。

第 1 章

1.31

紫色织锦花卉纹旗袍

　　本件旗袍为20世纪40年代紫色织锦花卉纹旗袍。长度较长，衣长及脚踝。衣身较为宽松，侧腰、臀处稍有轮廓，臀以下竖直。袖长及手腕。领边、领圈、大襟、侧摆、底摆及袖口都饰有黑色细包边，盘扣样式为圆形，面料与包边面料一致，领圈4粒，胸前大襟2粒，腋下1粒，身侧5粒。

　　旗袍衣长125cm，胸围86cm，下摆宽110cm，领高6cm，袖长18.7cm，袖口宽32cm，衩高47.5cm。裙身为紫色提花绸面料，里料为白色真丝绸，面、里料等大，在侧缝处缝合。面料提花底纹为几何花卉纹，由三角形、多边形组成，在底纹上有精美的刺绣花卉纹样，花卉色彩由金色组成，花瓣用金色

做花边，层次丰富，立体感强，四方连续地排列在面料上，同类色的灵活运用，提升了图案的层次感和丰富度，富有韵律感和繁而不杂的装饰美感，使旗袍整体呈现出庄重典雅气息。

　　本件旗袍为20世纪40~50年代黑色纯棉花卉纹夹棉旗袍。长度中等，衣长及膝。衣身较为合体，侧腰、臀处有曲线轮廓，臀部突出，下摆处无弧度。前后片通裁不破缝，袖长及腕，开衩较低，无包边。盘扣面料与衣身面料一致。

　　旗袍衣长103cm，胸围94.6cm，腰围83cm，下摆宽85cm，领高3.5cm，袖口宽21cm，通袖长139cm，衩高10cm。裙身为黑色纯棉面料，内里夹白色棉絮片，里料为黑色真丝绸，面、里料等大，在侧缝处缝合。面料纹样为玫瑰花卉纹样，以四方连续的方式平铺在面料上。在纹样的色彩构成方

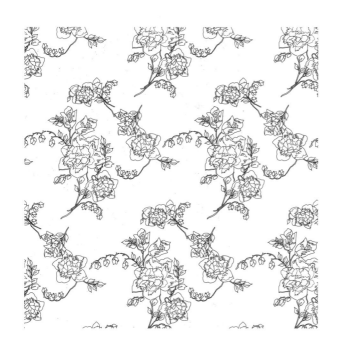

面，采用高明度的色彩搭配，赋予旗
袍大胆色彩搭配的同时，明亮艳丽的
色彩风格与写实的玫瑰花卉风格相结
合，构成丰富的视觉效果，使得旗袍
整体呈现出生动的美感。

1.33

黑色印花绉书卷纹
夹棉旗袍

本件旗袍为20世纪50年代黑色印花绉书卷纹夹棉旗袍厚款。秋冬季穿着，衣长过膝。衣身较为合体，侧腰、臀处稍有曲线轮廓，臀以下逐渐收窄，下摆稍有弧度。前后片通裁不破缝，袖长及手腕，袖根部沿一条弧线到袖口逐渐变窄，在肘部弧度明显，袖口处有9.5cm的开衩，左右袖口各装有3粒暗扣。领圈、大襟、侧摆、底摆、袖口等处有黑色细包边装饰。领口1对挂钩，领底1粒一字扣，大襟、腋下分别1粒一字扣，大襟、腋下共4粒暗扣。

旗袍衣长106cm，通袖长136cm，胸围96cm，下摆宽94cm，领高4.5cm，袖口宽10.5cm，衩高14.5cm。裙身为黑色印花绉面料，内里夹白色棉絮片，里料为黑色真丝绸，面、里料等大，在侧缝处

缝合。面料印花纹样为书卷纹，模仿纸张卷起的形态，具有立体感。2~3卷书卷为一组，书卷之间互相重叠，每组书卷之间散点分布小巧的花，不同朝向的书卷纹呈四方连续，增添了图案的层次感和丰富度。书卷纹用米白色印成，与黑色面料形成鲜明对比。旗袍整体文雅平和。

1.34
黑色印花绉柳叶纹
夹棉旗袍

　　本件旗袍为20世纪50年代黑色印花绉柳叶纹夹棉旗袍厚款。秋冬季穿着，衣长过膝。衣身较为合体，侧腰、臀处稍有曲线轮廓，臀以下逐渐收窄，下摆稍有弧度。前后片通裁不破缝，袖长及手腕，袖根部到袖口逐渐变窄。领圈、大襟、侧摆、底摆、袖口等处无包边装饰。腋下1粒一字扣。

　　旗袍衣长107.5cm，通袖长133cm，胸围85cm，下摆宽83cm，领高5cm，袖口宽11.5cm，衩高9.5cm。裙身为黑色印花绉面料，内里夹白色棉絮片，里料为格纹棉布，面、里料等大，在侧缝处缝合。面料印花纹样为柳叶纹，柳叶形状中心略宽，末端长而尖。柳叶由双层黑色勾边印成，由绿、蓝、橙三色构成底色，内由三朵小花填充，柳叶外围有一圈绿

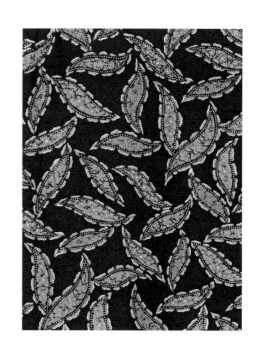

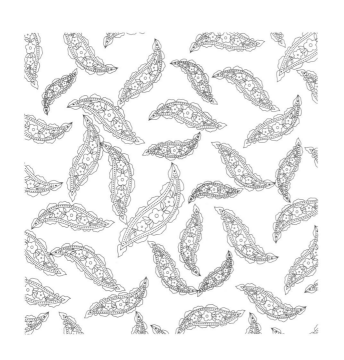

色不规则包边，包边边缘为白色。每片柳叶略微不同，使得整个图案更加自然和生动。不同大小、方向和颜色的若干片柳叶为一组，呈四方连续，增加了图案的丰富度和层次感。整个图案充满自然美。通过粉、蓝、橙等鲜艳的颜色以及黑为底色营造出对比效果，旗袍整体富有魅力。

1.35 黑色蕾丝花纹旗袍

本件旗袍为20世纪50年代黑色蕾丝花纹旗袍。夏季穿着，衣长及大腿中部。衣身合体，侧腰、臀处稍有曲线轮廓，下摆微收，稍有弧度，领宽较短。领圈、大襟、侧摆、底摆、袖口均装饰有黑色细包边。领底、大襟、腋下分别有1粒盘扣，盘扣材质与包边相同。

旗袍衣长72cm，通袖长33cm，胸围58cm，下摆宽70cm，领高2.5cm，袖口宽11cm，衩高12.5cm。裙身为黑色蕾丝花纹面料，以黑色蕾丝织成，细密的黄色花朵纹样增添了一分层次感，使整个面料更

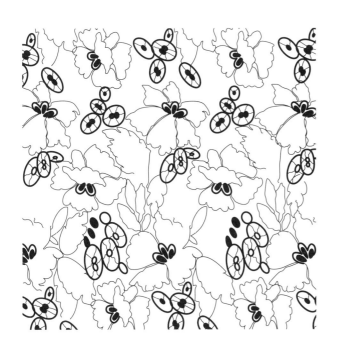

显精致。蕾丝面料的透明与不透明巧妙地交错，形成一种轻盈透明的效果，使整体质感更加立体。蕾丝面料质感既具有细腻的女性柔美之感，又因其纹理独特而显得精致典雅。

1.36
旗袍 黑色织锦菊花纹

本件旗袍为20世纪40~50年代黑色织锦菊花纹旗袍。长度中等，衣长及膝。衣身较为合体，侧腰、臀处有曲线轮廓，臀部突出，臀以下竖直，下摆处有弧度。前后片通裁不破缝。袖长及腕，开衩较低，领边、大襟、侧摆、底摆及袖口饰有与衣身纹样同色的包边。盘扣面料与衣身面料一致，领底1粒、胸前大襟1粒、腋下1粒、身侧8粒。

旗袍衣长111.5cm，通袖长125cm，胸围96cm，腰围90cm，下摆宽98cm，领高3cm，袖口宽34cm，衩高17cm。裙身为黑色织锦面料，里料为黑色真丝绸，面、里料等大，在侧缝处缝合。面料纹样为菊花纹，几朵菊花为一组，以四方连续的方式平铺在面料上。淡雅的菊花纹，寓意健康、长寿、

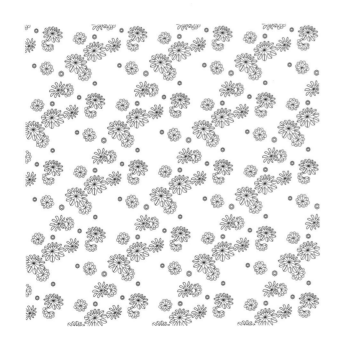

吉祥。本件旗袍的菊花纹由绿、红、紫、黄等多种色彩构成，色彩层次丰富，与整体衣身颜色形成对比，突出了整体纹样，配色和谐，打破纹样规则排列的沉闷感，使得旗袍整体呈现生动和谐的美感。

1.37 黑色织锦暗团花纹夹毛旗袍

本件旗袍为20世纪30年代黑色织锦暗团花纹夹毛旗袍。秋冬季穿着，长度适中，衣长过膝。衣身较为合体，侧腰、臀处稍有曲线轮廓，臀部尺寸适度放宽，从臀部至下摆，衣身保持直落，且下摆有轻微弧度。前后片通裁不破缝，衣袖部分有拼接。袖长及手腕，袖口相对袖根略窄。领圈采用与衣身相同面料制成的细包边，领边、大襟、侧摆、底摆以及袖口处均保持了简约无包边装饰，系合处使用了与面料相同的一字扣，领底、胸前大襟及腋下各设有1粒，侧边设有6粒。

旗袍衣长113cm，通袖长134cm，胸围88cm，下摆宽106cm，领高4cm，袖口宽11.5cm，衩高15.5cm。面料为提花织锦，里料为竖条纹毛毡，面

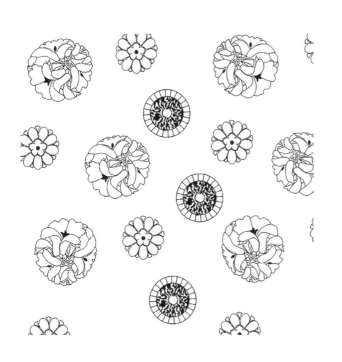

料提花纹样主要由玉兰纹、枝条纹和改良团花纹组成。玉兰纹由三朵玉兰花、叶子与枝条相互穿插，枝条纹内部呈放射状；改良团花纹由两层花瓣组成，内层为五瓣，外层为九瓣，周围点缀一圈小叶子。图案在织物上呈现出丝线的光泽感，大小不一，以散点式分布于黑色的底布上。旗袍整体装饰简洁，风格内敛。

本件旗袍为20世纪50年代黑色提花织锦花草纹旗袍。春夏季穿着，长度中等，衣长过膝。衣着宽松合体，侧腰、臀处稍有曲线轮廓，臀部较宽，臀以下竖直，下摆稍有弧度。袖子为短袖，长度仅及腋下。领子、大襟、袖口有同色细包边。系合处用到拉链、风纪扣和暗扣。领子设置1粒风纪扣，大襟上设置7粒暗扣，身侧设置24cm长的金属拉链。

旗袍衣长107.5cm，通袖长78cm，胸围91cm，下摆宽85cm，领高4.5cm，袖口宽13.5cm，衩高

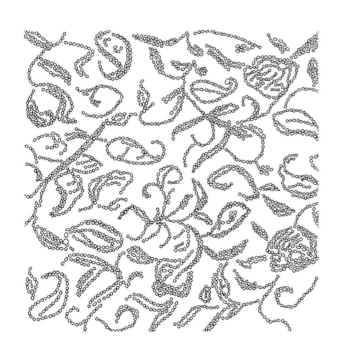

18cm。面料为黑色提花织锦，无里料。面料提花纹样为花草纹，由大小不一的白色圆点组成花朵图案，和卷草纹紧密排列组成。旗袍色调素雅，整体风格朴素。

1.39

黑色丝绒花卉纹旗袍

本件旗袍为20世纪40年代黑色丝绒花卉纹旗袍薄款。无袖，衣长过膝，适合夏季穿着。衣身较为合体，侧腰、臀处稍有曲线轮廓，下摆稍有弧度。前后片通裁不破缝。领圈、大襟、侧摆、底摆、袖口等处均有黑色缎料包边装饰。领底、腋下处各有1对花式盘扣，大襟处7粒暗扣。

旗袍衣长119cm，通袖长44cm，胸围75cm，下摆宽78cm，领高4.5cm，袖口宽14cm，衩高31.5cm。裙身为黑色丝绒面料，里料为黑色真丝绸料，面、里料在侧摆处缝合，下摆不缝合。面料纹样为花卉纹，五朵花瓣与大片枝叶组合，花瓣层层

叠叠，枝叶轻盈飘逸，勾勒出一片恬静的意境。这些花卉纹样以细腻精湛的工艺呈现，搭配丝绒面料，使中西结合的纹样更富有光泽与肌理。整体散发出一种娴静、优雅的气息。

1.40
紫色提花绢樱桃纹
旗袍

本件旗袍为20世纪30年代紫色提花绢樱桃纹旗袍薄款。春秋季穿着，衣长过膝。衣身宽松，侧腰、臀处无曲线轮廓，臀以下逐渐放宽，下摆稍有弧度。前后片通裁不破缝，袖长及大臂，袖根部到袖口等宽。领圈、大襟、侧摆、底摆、袖口等处有黄色镶滚装饰。领面3粒一字扣，领底1粒一字扣，大襟、腋下分别1粒一字扣，身侧9粒一字扣。

旗袍衣长112cm，通袖长65cm，胸围65cm，下摆宽94cm，领高6cm，袖口宽11cm，衩高26cm。裙身为紫色织锦面料，里料为浅绿色真丝绸，面、里料等大，在侧缝处缝合。面料底纹为格纹，织锦纹

样为樱桃纹，包含两种形态的樱桃，两个或三个果实为一组，樱桃边缘呈锯齿状，果实顶部有镂空半圆形，以四方连续的方式排布在面料上。整体旗袍透露着一种自然、轻松的风格。

1.41

其他植物纹样旗袍

（1）暗红色印花绢花卉纹旗袍

（2）紫红色织锦碎花纹旗袍

（3）暗红色织锦团花纹旗袍

（4）黑红色织锦缎花叶纹旗袍

（5）黑红色印花绸网格牡丹花纹旗袍

（6）深红绢碎花纹旗袍

（7）靛蓝色印花绢落叶纹旗袍　　　　　（8）深红色印花绸花卉纹旗袍

（9）深红缎景观纹旗袍　　　　　　（10）紫色织锦几何花卉纹旗袍

（11）红色织锦团花纹旗袍　　　　　（12）红色印花绸碎花缠枝纹旗袍

（13）暗红色提花绸竹纹旗袍　　　　　　　（14）红色提花绸花卉纹旗袍1

（15）红色提花绸花卉纹旗袍2　　　　　　　（16）红色提花绸花卉纹旗袍3

（17）暗红色织锦花草纹旗袍　　　　　　　（18）红色缎花卉纹旗袍

（19）暗红色织花棉布花卉纹旗袍

（20）红色提花绸枫叶纹旗袍

（21）红色提花绢小荷花纹旗袍

（22）红色织锦花卉纹旗袍1

（23）紫红色织锦花卉纹旗袍2

（24）豆沙红织锦花卉纹旗袍

（25）胭脂红提花绸花卉纹旗袍

（26）红色印花绸花卉纹旗袍

（27）橙色织锦花卉纹旗袍

（28）暗紫色织锦花卉纹旗袍

（29）玫红缎百合纹旗袍

（30）蓝紫色印花绸牡丹花纹旗袍

（31）深紫印花棉布花卉纹夹棉旗袍

（32）紫色缎花卉纹夹棉旗袍1

（33）紫色缎花卉纹夹棉旗袍2

（34）紫色缎花卉纹旗袍

（35）深紫色刺绣绸荷叶纹旗袍

（36）紫色织锦花卉纹旗袍

（37）紫色织锦团花纹旗袍

（38）藕粉色提花绸花卉纹旗袍

（39）紫色提花缎牡丹纹旗袍

（40）紫色提花缎花卉纹旗袍

（41）紫红色刺绣缎花卉丝带纹旗袍

（42）粉色织锦兰花纹旗袍

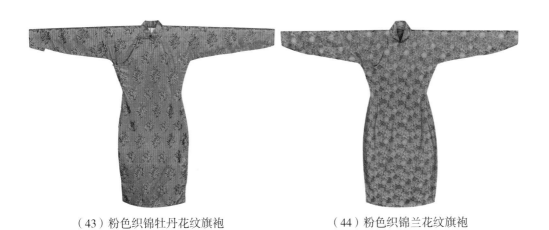

（43）粉色织锦牡丹花纹旗袍

（44）粉色织锦兰花纹旗袍

（45）亮粉色织锦缠枝花纹旗袍

（46）粉色暗纹提花花卉纹旗袍

（47）粉色印花绸菊花纹旗袍

（48）红色绸缎菊花纹夹棉旗袍

（49）红缎团花纹旗袍

（50）红缎碎花纹旗袍

（51）红色织锦牡丹菊花纹旗袍

（52）深红缎碎花纹旗袍

（53）橘红色提花绸碎花纹旗袍

（54）橘红色提花绸花卉纹旗袍

（55）粉色缎花卉纹旗袍

（56）粉色提花绸花卉格纹旗袍

（57）橙色棉兰花纹旗袍

（58）粉色印花绢桃形花卉纹旗袍

（59）粉色提花绸暗碎花纹旗袍

（60）粉色提花绸波点花卉纹旗袍

（61）粉色丝绸花卉纹旗袍　　　　　　（62）粉色暗花绸团花纹旗袍

（63）藕粉色提花缎暗花卉纹旗袍　　　（64）浅粉色印花棉布花卉纹旗袍

（65）淡黄色刺绣花卉纹旗袍　　　　　　（66）黄色棉布花卉纹旗袍

（67）杏黄色印花棉布花卉纹旗袍

（68）浅黄色印花棉布花卉纹旗袍

（69）杏色印花棉布葡萄纹旗袍

（70）藕色缎花卉纹旗袍

（71）紫色绸绣花旗袍

（72）紫色印花绢碎花纹旗袍

（73）浅棕色印花绸叶纹旗袍

（74）黄灰棉布花卉纹夹棉旗袍

（75）黄色印花绢绿叶纹旗袍

（76）黄色印花棉布花卉纹旗袍

（77）黄色印花棉布花卉纹旗袍

（78）棕色真丝棉缠枝花纹旗袍

（79）深赭印花花叶纹旗袍

（80）深紫色印花棉布花卉纹夹棉旗袍

（81）棕色暗花绸莲花缠枝纹旗袍

（82）棕色织锦花卉纹旗袍

（83）棕色织锦组合花卉纹旗袍

（84）棕色真丝丝绒花卉纹旗袍

（85）棕红色印花绸牡丹花纹旗袍　　　　　　（86）靛蓝色印花绸缠枝纹旗袍

（87）黑色印花绸牡丹花纹旗袍　　　　　　　（88）绿色绸印花花卉纹旗袍

（89）草绿色印花绉草纹旗袍　　　　　　　　（90）绿色织锦花卉纹旗袍

（91）翠绿色织锦牡丹纹旗袍

（92）草绿色棉印花波点纹旗袍

（93）浅绿色织花棉布花卉纹旗袍

（94）灰色织锦小团花纹旗袍

（95）浅绿色印花缎碎花梨纹旗袍

（96）绿色织锦缠枝牡丹花纹旗袍

第1章

繁花入纹，
缱绻意无尽
——
植物纹样旗袍篇

103

（97）灰蓝色提花绸方格牡丹纹旗袍　　　　　　（98）蓝色印花绢碎花纹旗袍

（99）墨绿色绸碎花纹旗袍　　　　　　（100）深绿色提花绢折枝碎梅花纹旗袍

（101）墨绿色提花绸花卉纹旗袍　　　　　　（102）绿色提花绸花卉纹夹棉旗袍

（103）蓝绿色提花缎花卉纹旗袍

（104）紫红色印花缎花卉纹旗袍

（105）浅蓝色棉布花卉纹旗袍

（106）蓝色印花棉布花卉纹旗袍1

（107）蓝色印花棉布花卉纹旗袍2

（108）湖蓝色印花缎花卉纹旗袍

（109）湖蓝色印花绉碎花纹旗袍　　　　　（110）蓝色绸碎花纹旗袍

（111）湖蓝色提花绸花卉纹旗袍　　　　　（112）天蓝色暗花缎牡丹纹旗袍

（113）蓝色印花绉花卉纹旗袍　　　　　（114）湖蓝色印花绸牡丹花纹旗袍

（115）湖蓝色印花绢条纹碎花纹旗袍

（116）蓝色提花绸梅花纹旗袍

（117）深蓝色印花棉花卉纹旗袍

（118）蓝色印花绸花卉纹旗袍

（119）宝蓝色印花绸碎花缠枝纹旗袍

（120）暗紫色暗花绸团花纹旗袍

（121）蓝灰色印花绸叶子纹旗袍　　　　（122）湖蓝色印花绸花卉纹旗袍

（123）亮蓝色提花缎花草纹旗袍　　　　（124）蓝色提花绸花卉纹旗袍

（125）蓝缎花卉纹旗袍　　　　　　（126）紫蓝色织锦花卉纹旗袍

（127）蓝色织锦缠枝花卉纹旗袍

（128）蓝色提花绸叶纹旗袍

（129）黑蓝色印花绉花卉纹旗袍

（130）黑色提花绸花苞纹旗袍

（131）黑色印花绢花卉纹旗袍

（132）黑色提花绸兰花纹旗袍

（133）暗蓝色印花绢花卉纹旗袍

（134）深绿印花棉花卉纹夹棉旗袍

（135）黑色印花绉碎花纹旗袍

（136）黑色印花绸花卉纹旗袍

（137）黑色织锦花卉纹旗袍1

（138）黑色织锦花卉纹旗袍2

（139）黑色织锦花卉纹旗袍3

（140）紫红缎花卉纹旗袍

（141）深紫绸花卉纹旗袍

（142）黑色印花绉碎花纹旗袍

（143）棕色织锦菊花纹旗袍

（144）黑色印花绸彩绘花纹旗袍

（145）蓝缎雏菊纹旗袍　　　　　　（146）暗蓝色印花绢花卉纹旗袍

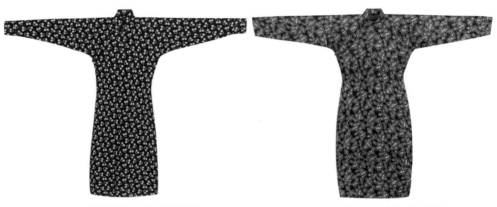

（147）深蓝棉印花花卉纹旗袍　　　　　　（148）黑色提花缎花卉纹旗袍

（149）黑色印花绢花卉纹旗袍　　　　　　（150）深灰色暗花绸菊花纹旗袍

（151）黑色印花绸碎花纹旗袍

（152）黑色绸丝绒花卉纹旗袍

（153）黑色提花棉布花卉纹旗袍

（154）黑色暗花缎牡丹花纹旗袍

（155）深蓝色提花绸牡丹花纹旗袍

（156）黑色提花绸满地花卉纹旗袍

（157）暗红色提花绸团花纹旗袍

（158）棕色印花绉瓜藤缠枝纹旗袍

（159）赭色提花绸花卉纹夹棉旗袍

（160）深赭色提花绸花卉纹夹棉旗袍

（161）绿色印花绸团花纹旗袍

（162）深蓝色暗花缎旗袍

（163）墨蓝色提花绸团花纹旗袍

（164）蓝色丝绸花卉纹旗袍

（165）深棕色提花缎花草纹旗袍

（166）黑色提花绸团花纹旗袍

（167）黑色提花缎碎花纹旗袍

锦绣旗袍——传奇旗袍鉴赏图录

旗袍

第2章

凤翼鹤舞，曲曲云霞游
——动物纹样旗袍篇

2.1
玫红刺绣缎孔雀纹旗袍

本件旗袍为20世纪50年代玫红刺绣缎孔雀纹旗袍薄款。春秋季穿着，衣长过膝。衣身较为合体，侧腰、臀处稍有曲线轮廓，臀以下逐渐收窄，下摆稍有弧度。前后片通裁不破缝，袖长及手腕，袖根部沿一条弧线到袖口逐渐变窄，肘部弧度明显，袖口处开衩，左右袖口各有2粒暗扣。领圈、大襟、侧摆、底摆、袖口等处无包边装饰。领口1对挂钩，大襟、腋下、身侧共11粒暗扣。

旗袍衣长113.5cm，通袖长127cm，胸围82cm，下摆宽80cm，领高4.5cm，袖口宽7.5cm，衩高30cm。裙身为玫红刺绣缎面料，里料为粉色真丝绸，面、里料等大，在侧缝处缝合。面料刺绣纹样为孔雀花卉纹，孔雀由多色丝线绣成，花卉由

红、玫红、白三色渐变绣成，色彩和谐统一。裙身左下摆由一只孔雀和一枝杜鹃花枝组成，右上为杜鹃花纹刺绣，在领口、肩膀、袖子处都有大小不一的孔雀花卉纹。旗袍整体明艳华丽。

2.2 粉色刺绣绸喜相逢纹夹棉旗袍

本件旗袍为20世纪50年代粉色刺绣绸喜相逢纹夹棉旗袍。冬季穿着，衣长及脚踝。前后片通裁不破缝。袖长及手腕，袖型较为合体。袖口开衩处装有2粒暗扣。衣身较为合体，侧腰、臀处有明显轮廓，臀以下竖直。领边、领圈、大襟、侧摆、底摆及袖口无包边装饰。领子装有1对风纪扣，领底1粒暗扣，大襟5粒暗扣，腋下1粒暗扣，侧身装有拉链。

旗袍衣长129cm，胸围93cm，下摆宽90cm，领高11cm，袖长33.5cm，袖口宽19cm，裙身开衩31.5cm，身侧拉链长24cm。裙身为粉色绸面料，内里夹棉，里料为粉红色面料，面、里料等大，在侧缝处缝合。面料上的图案为组合纹样，图案正中心有两朵牡丹花和各种小花及细叶点缀的缠枝花

纹样，在两朵牡丹花的上下方各有一只凤凰朝花朵飞来，两只凤凰形态不一，在凤凰身后还有许多形态各异的花朵作为点缀元素丰富整个画面。图案中各个元素大小不一、层次丰富且色彩富有变化。画面中始终保持着和谐统一的视觉效果。图案呈现出强烈的故事性，表现了对新婚女子的美好祝福，旗袍整体呈现出活泼且轻松的气息。

2.3 黄色刺绣缎凤凰牡丹纹旗袍

　　本件旗袍为20世纪40~50年代黄色刺绣缎凤凰牡丹纹旗袍。衣长较长，衣长及脚踝。衣身较为合体，侧腰、臀处有曲线轮廓，臀部突出，下摆处有弧度。前后片通裁不破缝，袖长及腕，开衩较低，无包边和盘扣。

　　旗袍衣长123cm，胸围84cm，腰围60cm，下摆宽74cm，领高7cm，袖口宽25cm，通袖长83cm，衩高36.5cm。裙身为黄色缎面料，里料为亮粉色缎面料，面、里料等大，在侧缝处缝合。面料纹样为凤戏牡丹刺绣纹样，配色丰富，整体配色以红、绿、紫、橙为主，整体纹样均使用盘金绣工艺，栩栩如生。在中国传统纹样中，凤凰为百鸟之王，牡丹为

花中之王，丹凤结合则视为祥瑞、美好、光明等寓意，因此凤戏牡丹纹样象征富贵常在、荣华永驻的寓意。旗袍工艺精美，整体呈现秀丽端庄的美感。

2.4 蓝色织锦松柏鹤纹夹棉旗袍

本件旗袍为20世纪40年代蓝色织锦松柏鹤纹夹棉旗袍厚款。秋冬季穿着，衣长及脚踝。衣身较为合体、侧腰、臀处稍有曲线轮廓，臀以下竖直，下摆稍有弧度。前后片通裁不破缝，袖长及手腕，袖根部到袖口逐渐收窄。领圈、大襟、侧摆、底摆、袖口等处有黑色细包边装饰。领底1粒一字扣，大襟、腋下分别1粒一字扣。

旗袍衣长121cm，通袖长120cm，胸围96cm，下摆宽97cm，领高3cm，袖口宽12cm，衩高37cm。裙身为蓝色织锦面料，里料为紫色真丝绸，内里夹棉絮片，面、里料等大，在侧缝处缝合。面料织锦纹样为松柏鹤纹，松柏及鹤均由银色丝线织成，蓝色底突出稳重和高贵感。银色图案增加了光

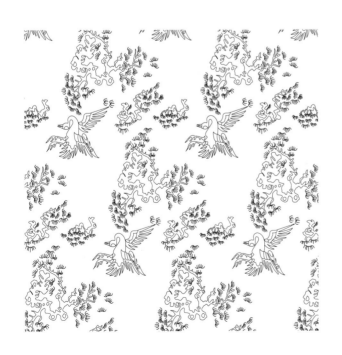

泽和亮度，形成优雅而富有层次感的对比。图案以松柏和鹤为主，线条流畅，形成一种优雅而和谐的动态感。松柏的枝叶和鹤的羽毛非常细致，整个图案生动而精美。旗袍整体文雅平和。

本件旗袍为20世纪50年代黑色提花绸鱼松纹旗袍。春秋季穿着，长度中等，衣长过膝。衣着合体，侧腰、臀处有曲线轮廓，臀部较宽，臀以下竖直，下摆稍有弧度。前后片通裁不破缝。袖长及手腕，袖型宽松，从腋下的袖根开始沿着侧缝逐渐向袖口方向变窄。在距离袖口8cm的位置设置了开衩，并配备了2粒暗扣，方便手腕活动。系合处用到拉链、风纪扣和暗扣。领扣设置1粒风纪扣，固定领口的位置。大襟处设置7粒暗扣闭合前襟并固定斜襟，身侧设置26cm长的金属拉链。

旗袍衣长107.5cm，通袖长136cm，胸围90cm，下摆宽72cm，领高5.5cm，袖口宽9cm，衩高25.5cm。面料为黑色提花真丝绸缎，里料为黑色真

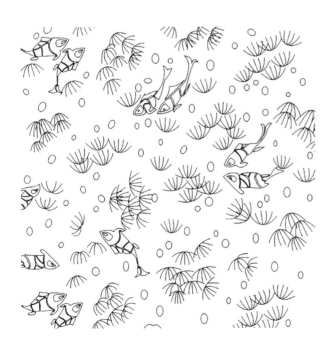

丝绸。面料提花纹样为鱼松纹，由松针纹和鱼纹组合而成，不同数量的松针纹和鱼纹呈散点式分布，四周散落有雨点状的图案。领子、大襟、袖口、袖开衩有蓝色真丝细包边。旗袍面料暗沉但有光泽感，适合年长者穿着。

2.6 白色花卉孔雀纹丝绸旗袍

　　本件旗袍为20世纪40年代白色花卉孔雀纹丝绸旗袍。长度中等，衣长及小腿中部。衣身较为合体，侧腰、臀处有曲线轮廓，臀部突出。前后片通裁不破缝，下摆处有弧度，短袖，开衩较高。

　　旗袍衣长115cm，胸围78cm，腰围61cm，下摆宽90cm，领高4.5cm，袖口宽31cm，通袖长117cm，衩高25cm。裙身为白色丝绸面料，在侧缝处缝合。面料纹样为花卉孔雀纹，孔雀在梅花下栩栩如生。花卉色彩由浅粉色、浅绿色、浅黄色构成，用亮片

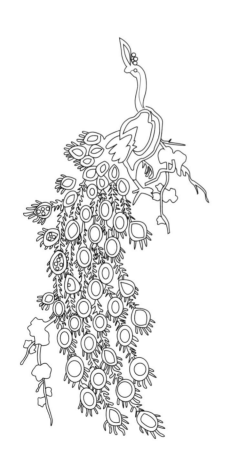

镶缀其中，颜色搭配丰富。整体低明度的色彩搭配和谐统一，使得旗袍具有视觉的流动感与清雅的美感。

2.7 其他动物纹样旗袍

（1）亮橙缎花鸟纹旗袍

（2）棕色提花绸鸟衔花枝纹旗袍

（3）棕色提花绸蝴蝶纹旗袍

第 3 章

角角分明，如画墨笔勾

——几何纹样旗袍篇

3.1 紫色织锦几何纹夹棉旗袍

　　本件旗袍为20世纪40年代紫色织锦几何纹夹棉旗袍。衣长过膝，衣身较为合体，侧腰、臀处有曲线轮廓，臀部突出，臀以下竖直，下摆处有弧度。前后片通裁不破缝，袖长及腕，开衩较低，领边、大襟、侧摆、底摆及袖口饰有黑色包边。盘扣面料与包边面料一致，领底1粒，胸前大襟1粒，腋下1粒。盘扣面料与衣身面料一致，领底1粒，胸前大襟1粒，腋下1粒，身侧6粒。

　　旗袍衣长110cm，胸围81cm，腰围74cm，下摆宽90cm，领高4.4cm，袖口宽30cm，通袖长119.4cm，衩高21cm。裙身为紫色织锦面料，内里夹白色棉絮片，里料为黑色真丝绸，面、里料等大，在侧缝处缝合。几何纹以二方连续的方式平铺

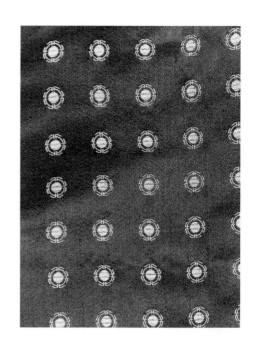

在面料上。几何纹结构由中心的圆圈发散，运用线条在四周发散，提升了整体的层次感。运用对比色的配色方式，将黄色的圆形纹样与整体紫色衣身相搭配，打破原本紫色给予人过于沉稳、平淡的气质，旗袍整体呈现出典雅生动的美感。

　　本件旗袍为20世纪50年代玫红色暗花缎夹棉旗袍。秋冬季穿着，衣长过膝。衣身较为合体，侧腰、臀处有较明显的曲线轮廓，下摆平直。前后片通裁不破缝，衣袖部分有拼接，衣领较高。领圈、大襟、侧摆、底摆、袖口等处有黑色绒料包边装饰。领底有1对风纪扣，大襟、腋下共有8粒暗扣，身侧装拉链。

　　旗袍衣长115cm，通袖长99cm，胸围92cm，下摆宽78cm，领高7cm，袖口宽13cm，衩高31cm，身侧拉链长24cm。裙身为玫红色暗花缎料，里夹白色棉料，面料在下摆、开衩处包裹里层毛料。面料为

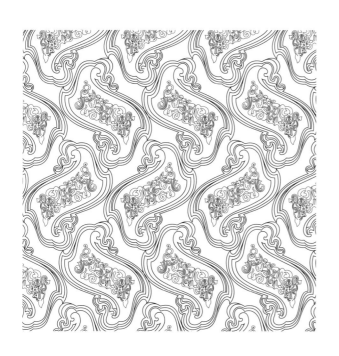

暗纹，纹样外形轮廓为近似平行四边形的不规则形状，外轮廓里填有鱼纹、云纹等，整个图形以四方连续的方式排开。这些不规则纹样使得旗袍在不拘一格的风格中展现出时尚前卫的风采。

3.3 橘灰色棉布条纹旗袍

　　本件旗袍为20世纪50~60年代橘灰色棉布条纹旗袍。长度中等，衣长及膝。衣身较为合体，侧腰、臀处有曲线轮廓，臀部突出，臀以下竖直，下摆处无弧度。前后片通裁不破缝，无袖，开衩较低。领边、大襟、侧摆、底摆及袖口饰有与面料一致的包边，盘扣面料与衣身面料一致，领底1粒、胸前大襟1粒、腋下1粒、衣身8粒。

　　旗袍衣长118.5cm，通袖长44cm，胸围97cm，腰围86cm，下摆宽108cm，领高4.5cm，袖口宽38cm，衩高13cm。裙身为橘灰色棉布面料，面料纹样由橘、浅灰、深灰、白四色间隔构成竖向条纹，条纹之间过渡自然，没有突兀的颜色分界，在条纹的组合上，粗细穿插，使细节处精致而不喧宾

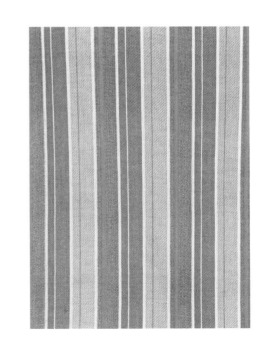

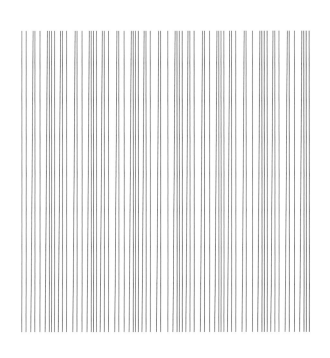

夺主，保持整体的大气简洁感。无彩色与有彩色的组合，调和了旗袍整体效果，增强了色彩的明暗对比。虽然面料材质与图案质朴无华，但旗袍呈现出现代美感。

3.4

棕色印花棉波点纹
夹毛旗袍

本件旗袍为20世纪50年代棕色印花棉波点纹夹毛旗袍厚款。秋冬季穿着，衣长过膝。衣身较为合体，侧腰、臀处稍有曲线轮廓，臀以下逐渐收窄，下摆稍有弧度。前后片通裁不破缝，袖长及手腕，袖根部到袖口逐渐变窄，袖口处有9cm的开衩，左右袖口各装有3粒暗扣。领圈、大襟、侧摆、底摆、袖口等处无包边装饰。领口1对挂钩，领底、大襟、腋下共7粒暗扣。身侧拉链长24cm。

旗袍衣长107cm，通袖长132cm，胸围98cm，下摆宽93cm，领高5cm，袖口宽9cm，衩高16cm。裙身为棕色印花棉料，内里夹毛毡，里料为棕色真丝绸，面、里料等大，在侧缝处缝合。面料印花纹样为波点纹，波点由橙、绿两色印成，色彩鲜艳明

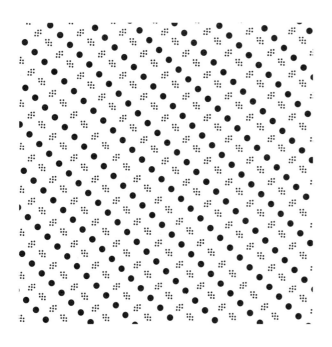

亮。波点分为大小两组，大波点为绿色，单个一组，小波点为橙色，七个为一组，呈扁六边形，两个不同方向的扁六边形为一个单元四方连续，小波点分布在每排大波点间，规律的排布具有形式感和现代感。旗袍整体摩登时尚。

3.5
棕色织锦几何纹
夹棉旗袍

本件旗袍为20世纪40~50年代棕色织锦几何纹
夹棉旗袍。长度中等，衣长及膝。衣身较为合体，
侧腰、臀处有曲线轮廓，臀部突出，臀以下竖直，
下摆处有弧度。前后片通裁不破缝，袖长及腕，开
衩较低，领边、大襟、侧摆、底摆及袖口饰有黑色
包边。盘扣面料与衣身面料一致，领底1粒，胸前
大襟1粒，腋下1粒。

旗袍衣长107cm，通袖长111cm，胸围84cm，
腰围90cm，下摆宽82cm，领高2.5cm，袖口宽
34cm，衩高16.5cm。裙身为棕色提花织锦面料，内
里夹白色棉絮片，里料为黑色真丝绸，面、里料等
大，在侧缝处缝合。面料纹样为几何纹样，结构由
菱形纹加线条交织成骨架，里面填充十字纹，形成

一个组别，以四方连续的方式平铺在面料上。简约凝练的几何纹样由黑、红两色构成，按一定规律排列组合，与整体衣身搭配和谐，呈现出旗袍的端庄古朴的美感。

本件旗袍为20世纪50年代棕色织锦回形纹夹棉旗袍厚款。秋冬季穿着，衣长过膝。衣身较为合体，侧腰、臀处稍有曲线轮廓，臀以下竖直，下摆稍有弧度。前后片通裁不破缝，袖长及手腕，袖根部到袖口逐渐变窄。领圈、大襟、侧摆、底摆、袖口等处无包边装饰。领口1对挂钩，领底、大襟、腋下共5粒暗扣，身侧拉链长23cm。

旗袍衣长116cm，通袖长128cm，胸围92cm，下摆宽86cm，领高5.3cm，袖口宽14.5cm，衩高32cm。裙身为暗紫织锦面料，内里夹白色棉絮片，里料为紫红色真丝绸，面、里料等大，在侧缝处

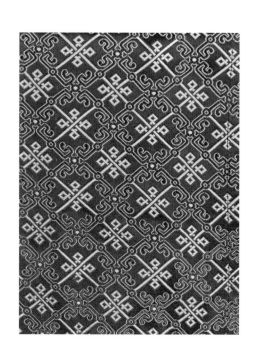

缝合。面料纹样为回形纹，暗紫色为底，用金色织成，色彩低调华丽。每个回形纹交错延伸，相互连接，过渡流畅自然，充满了动感和对称美，彰显女性优雅魅力。

3.7
灰棕色刺绣缎几何纹
旗袍

本件旗袍为20世纪40年代灰棕色刺绣缎几何纹旗袍薄款。春秋季穿着，衣长过膝。衣身较为合体，侧腰、臀处稍有曲线轮廓，臀以下竖直，下摆稍有弧度。前后片通裁不破缝，袖长及手腕，袖根部到袖口逐渐变窄，袖口处有7.5cm的开衩，左右袖口各装有2粒暗扣。领圈、大襟、侧摆、底摆、袖口等处有红色细包边装饰。领口2粒暗扣，领底1粒一字扣，大襟、腋下分别1粒一字扣，身侧拉链长23.5cm。

旗袍衣长113.5cm，通袖长126cm，胸围82cm，下摆宽88cm，领高4.5cm，袖口宽10.5cm，衩高16cm。裙身为灰棕色刺绣缎面料，里料为红色真丝绸，面、里料等大，在侧缝处缝合。面料底纹为

不规则回形纹，刺绣纹样为丝带波点几何纹，丝带有黄、橙、蓝三色，红色波点与彩色丝带进行撞色，色彩明亮鲜艳，营造出愉悦和充满生机的感觉。丝带的正面为柳叶纹样，为整个图案增添了一分自然和活泼之美。整体旗袍透露着一种时尚气息。

第 3 章

3.8
旗袍
棕色香云纱菱形纹
旗袍

本件旗袍为20世纪30年代棕色香云纱菱形纹旗袍。长度较短，衣长及大腿中部。衣身较为合体，侧腰、臀处有曲线轮廓，下摆处无弧度。前后片通裁不破缝，连肩短袖，开衩较低，领边、大襟、侧摆、底摆及袖口饰有与衣身纹样同色的宽包边。盘扣面料与衣身面料一致，领底1粒，胸前大襟1粒，腋下1粒，身侧1粒。

旗袍衣长98cm，胸围101cm，腰围91cm，下摆宽100cm，领高3cm，袖口宽24cm，衩高15cm。裙身为棕色香云纱面料，无里料，面料纹样为由线

条构成的菱形几何纹，以四方连续的
方式平铺在面料上。菱形纹与整体衣
身颜色和款式设计搭配和谐，图案整
体缜密对称，线条流畅，形式美感强
烈，呈现出旗袍的端庄低调之感。

3.9
旗袍　棕色香云纱几何纹

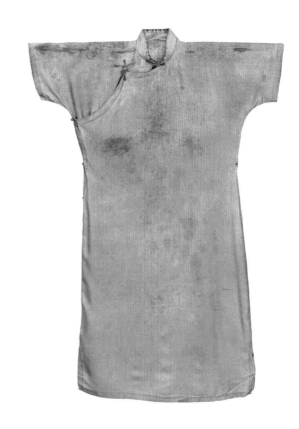

　　本件旗袍为20世纪30年代棕色香云纱几何纹旗袍。长度较短，衣长及大腿中部。衣身较为合体，侧腰、臀处有曲线轮廓，下摆处无弧度，前后片通裁不破缝，连肩短袖，开衩较低，领边、大襟、侧摆、底摆及袖口饰有与衣身纹样同色的宽包边。盘扣面料与衣身面料一致，领底1粒，胸前大襟1粒，腋下1粒，身侧1粒。

　　旗袍衣长98cm，胸围101cm，腰围91cm，下摆宽100cm，领高3cm，袖口宽24cm，衩高15cm。裙身为棕色香云纱面料，无里料，面料纹样为几何纹，由一个中心点向外放射出多个弯曲的线条组

成，以四方连续的方式平铺在面料上，简洁的几何纹及构成方式，使得纹样具有规律美与对称美，运用同类色彩搭配，整体面料颜色与暗纹色彩搭配和谐，呈现出旗袍的端庄低调之感。

3.10

黄棕色棉条纹旗袍

　　本件旗袍为20世纪50年代的黄棕色棉条纹旗袍。春夏季穿着，衣长及大腿中部。前后片通裁不破缝。袖子过肩、较为合体。衣身较为合体，侧腰、臀处稍有曲线轮廓，臀以下竖直。领圈、大襟、侧摆、底摆、袖口等处无包边装饰。领底1粒一字扣、大襟分别1粒一字扣和1粒暗扣，腋下1粒一字扣。

　　裙身为黄色棉面料，里料为黑色棉面料，面、里料等大，在侧缝处缝合。图案为由黄、棕、白三

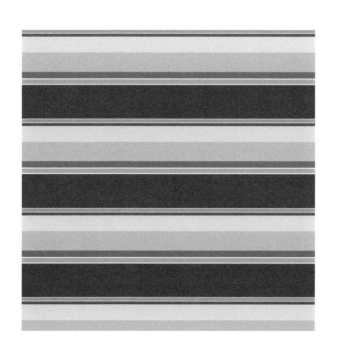

色组成的条纹，错落有致，色彩运用
独具匠心。整个图案在色彩与形态上
达到了和谐统一，展现出一种独特的
艺术韵味与人文情怀。从整体上看，
旗袍呈现出轻松且活泼的风格。

3.11
旗袍

黄色粗棉麻条纹旗袍

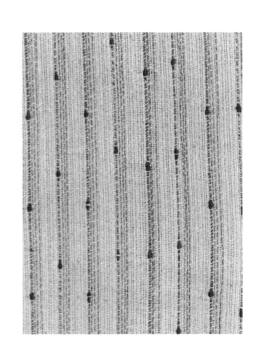

本件旗袍为20世纪40年代黄色粗棉麻条纹旗袍薄款。春夏季穿着，衣长及膝。衣身较为合体，侧腰、臀处稍有曲线轮廓，臀以下逐渐收窄，下摆稍有弧度。前后片通裁不破缝，无袖。领圈、大襟、袖口等处有细包边装饰，侧摆、底摆等处有宽包边装饰。领底、大襟、腋下共3粒盘扣。

裙身为黄色粗棉麻面料，无里料。面料编织纹样为条纹，由红、黑两色织成，色彩朴素协调。每组条纹分为粗细线两种，粗线为红色，一根，线中

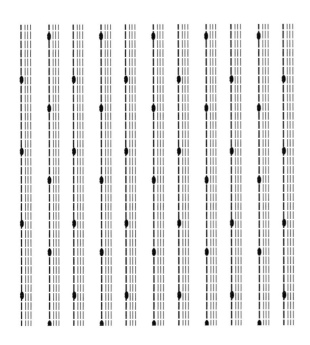

有红色毛线结，细线为黑色，三根。四条线为一组，呈条纹状，条纹左右平移，呈二方连续的方式排列，每组条纹的红色毛线结呈现无规律方式分布。旗袍整体简约大方。

3.12
米黄色织锦回纹
旗袍

　　本件旗袍为20世纪20年代米黄色织锦回纹旗袍薄款。春秋季穿着，衣长及脚踝。衣身宽松，侧腰、臀处无曲线轮廓，臀以下逐渐放宽，下摆稍有弧度。前后片通裁不破缝，袖长及手腕，袖根部到袖口逐渐变窄。领圈、大襟、袖口处有米白色细包边装饰。领底1粒一字扣，大襟、腋下分别1粒一字扣，身侧3粒一字扣。

　　旗袍衣长143cm，通袖长173cm，胸围120cm，下摆宽170cm，领高4.5cm，袖口宽16.5cm，衩高54cm。裙身为米黄色织锦面料，无里料。面料提花纹样为回形暗纹，底色为米白色，回形纹由米黄色丝线织成，在素色底料上和谐统一，浑然一体，营造出简约而高雅的效果。回形纹由直线、角线和

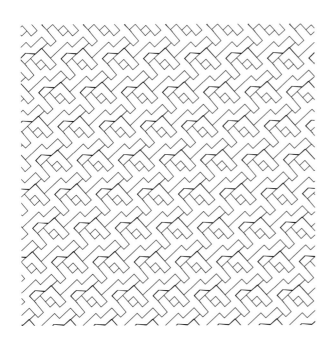

点组成几何形状的交错延伸。图案每个单元都相互连接，四方连续排列，产生无限回旋的视觉效果。单色调的设计增强了图案的神秘感和高度抽象的视觉效果。

3.13
旗袍　米白色织锦几何纹旗袍

　　本件旗袍为20世纪20~30年代米白色织锦几何纹旗袍。长度较长，衣长及脚踝。衣身宽松，下摆有弧度。前后片通裁，中线破缝，袖长及腕，开衩较低，领圈、袖口、下摆、侧襟处皆有贴边，盘扣面料与衣身面料一致，领底1粒，胸前大襟1粒，腋下1粒，身侧3粒。

　　旗袍衣长134.5cm，通袖长79cm，胸围96cm，下摆宽156cm，领高5cm，袖口宽35cm，衩高50.5cm。裙身为米白色织锦面料，无里料。面料纹样为几何图案，由直线、多边形组合而成，以四方

连续的方式平铺在面料上。重复的几何纹样排列组合具有一定的节奏感与动态感，简洁的样式与整体衣身颜色和款式设计搭配和谐，给人以大气典雅的感觉。

本件旗袍20世纪30年代灰蓝色提花绸暗云纹旗袍。长度较长，衣长及脚踝。衣身宽松，侧腰、臀处无曲线轮廓，下摆处有弧度。前后片通裁，中线破缝，袖长及手腕，袖根部与袖口处大致同宽。领圈饰有同色质料的细包边，盘扣面料与衣身面料一致，领底1粒，胸前大襟1粒，腋下1粒，身侧3粒。

旗袍衣长125cm，通袖长154cm，胸围86cm，下摆宽110cm，领高6cm，袖口宽32cm，衩高47.5cm。裙身为灰蓝色提花绸面料，里料为同色真丝绸，面、里料等大，在侧缝处缝合。面料提花纹样为云纹，将云纹进行简化并以三个为一组，

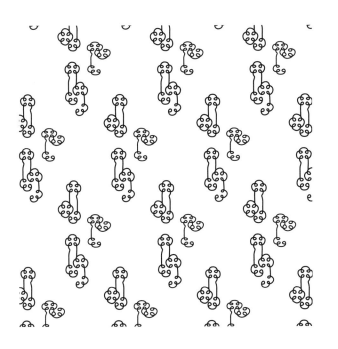

以四方连续的方式平铺在面料上。本件旗袍的云纹表现较为简洁，以几何的方式进行呈现，线条流畅有序，与整体衣身颜色和款式搭配和谐。云和"运"音同，因而云纹具有吉祥如意、步步高升等吉祥寓意，寄托穿着者的意愿。

3.15
蓝色提花绸几何纹
夹棉旗袍

本件旗袍为20世纪40年代蓝色提花绸几何纹夹棉旗袍厚款。秋冬季穿着，衣长过膝。衣身较为合体，侧腰、臀处稍有曲线轮廓，臀以下竖直，下摆稍有弧度。前后片通裁不破缝，袖长及手腕，袖根部到袖口逐渐变窄。领圈、大襟、侧摆、底摆、袖口等处有蓝色细包边装饰。领底1粒一字扣，大襟、腋下分别1粒一字扣，身侧6粒一字扣。

旗袍衣长108cm，通袖长128cm，胸围90cm，下摆宽109cm，领高4cm，袖口宽13.5cm，衩高21.5cm。裙身为蓝色提花绸面料，内里夹白色棉絮片，里料为蓝色真丝绸，面、里料等大，在侧缝处缝合。面料提花纹样为线条几何暗纹，底色为蓝色，几何纹由深蓝色丝线织成，色彩和谐统一，

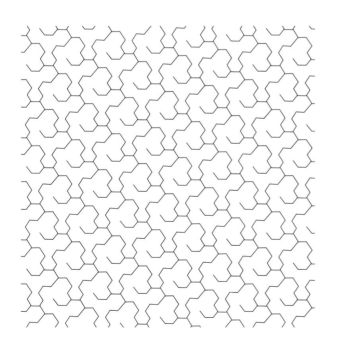

在蓝色底料上浑然一体，营造简约而高雅的效果。几何纹由直线、角线组成，交错延伸，类似锁纹。图案每个单元都相互连接，四方连续排列，产生无限回旋的视觉效果。单色调的设计增强了图案的神秘感。旗袍整体简约朴素。

3.16
蓝色织锦几何纹夹棉旗袍

本件旗袍为20世纪50年代蓝色织锦几何纹夹棉旗袍厚款。秋冬季穿着，衣长及膝。衣身较为合体，侧腰、臀处稍有曲线轮廓，臀以下竖直，下摆稍有弧度。前后片通裁不破缝，袖长及肘，袖根部到袖口逐渐变窄，袖口处有8.5cm的开衩，左右袖口各装有3粒暗扣。领圈、大襟、侧摆、底摆、袖口等处有黑色一绲一宕装饰。领底、大襟、腋下共6粒暗扣。身侧拉链长24cm。

旗袍衣长104.5cm，通袖长67cm，胸围100cm，下摆宽98cm，领高5cm，袖口宽9cm，衩高12cm。裙身为蓝色织锦面料，内里夹黑色棉絮片，里料为蓝色真丝绸，面里料等大，在侧缝处缝合。面料织锦纹样为几何暗纹，底色为蓝色，几何纹由淡蓝色丝

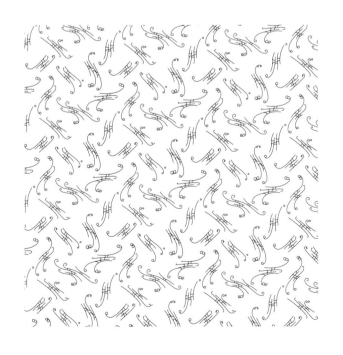

线织成，色彩和谐统一，在蓝色底料
上浑然一体，营造简约而高雅的效果。
几何图案由波浪线、弧线和圆形构成，
每条波浪线和弧线之间用半圆形连接，
形成单个图案的疏密对比，似少量笔
墨在纸上拖过的痕迹。整个图案灵动
蜿蜒，旗袍整体文雅娴静。

本件旗袍为20世纪50年代紫色印花缎几何纹夹棉旗袍厚款。秋冬季穿着，衣长过膝。衣身较为合体，侧腰、臀处稍有曲线轮廓，臀以下逐渐收窄，下摆稍有弧度。前后片通裁不破缝，袖长及手腕，袖根部到袖口逐渐变窄。领圈处有同色细包边装饰。领底1粒一字扣、3粒暗扣，大襟、腋下分别1粒一字扣，身侧拉链长24cm。

旗袍衣长109cm，通袖长139cm，胸围95cm，下摆宽88cm，领高5cm，袖口宽11cm，衩高18cm。裙身为紫色印花缎面料，内里夹白色棉絮片，里料为紫色真丝绸，面、里料等大，在侧缝处缝合。面料印花纹样为几何纹，几何纹由浅蓝和紫色两色印成，搭配饱和度高的紫色作为底色，具有极强的视

觉冲击力。几何图案由长条波浪形和螺旋线组成，长条波浪形分布在上下两侧，靠近中部的位置为直线，螺旋线上下各四条，在波浪形的直线位置依次排列，上下两层朝向不一。线条流畅，形成一种具有现代气息的构成感。旗袍整体张扬明媚。

3.18
紫色织锦几何纹
夹棉旗袍

本件旗袍为20世纪40~50年代紫色织锦几何纹夹棉旗袍。长度中等，衣长及膝。衣身较为合体，侧腰、臀处有曲线轮廓，臀部突出，臀以下竖直，下摆处有弧度。前后片通裁不破缝，袖长及腕，开衩较低，无包边。盘扣面料与衣身面料一致，领底、胸前大襟及腋下各1粒。

旗袍衣长105cm，通袖长126cm，胸围81cm，腰围76cm，下摆宽85cm，领高2.5cm，袖口宽27cm，衩高14.5cm。裙身为紫色提花织锦面料，内里夹白色棉絮片，里料为蓝色真丝绸，面、里料等大，在侧缝处缝合。面料纹样为几何纹样，斜向的排列，并按一定规律排列组合，以四方连续的方式平铺在面料上。几何纹通过圆形、万字纹的交替

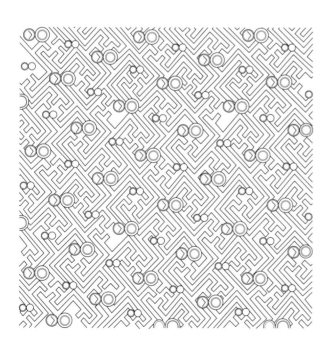

重复，从视觉感受上创造出另一种组合形态。运用对比色的配色方式，将红、白两色的圆形纹样与整体紫色衣身相搭配，构成撞色的视觉效果，邻近色与对比色的灵活运用提升了几何纹样的层次感和丰富感，使得旗袍整体呈现出简洁生动的美感。

角角分明，
如画墨笔勾
——
几何纹样旗袍篇

167

3.19

黑色编织几何纹旗袍

本件旗袍为20世纪50~60年代黑色编织几何纹旗袍。长度较短，衣长及大腿中部。衣身较为合体，侧腰、臀处有曲线轮廓，臀部突出，下摆处有弧度。前后片通裁不破缝，无袖，开衩较低，无包边和盘扣。

旗袍衣长96cm，通袖长43cm，胸围81cm，腰围69cm，下摆宽80cm，领高5cm，袖口宽32cm，衩高11.4cm，暗扣13粒。裙身为金色编织面料，里料为黑色真丝绸。面料纹样为几何图案，大小不一的几何纹构成一个组别进行组合，将抽象几何形进行解构重组，同时加入折线，以不规则的方式进行

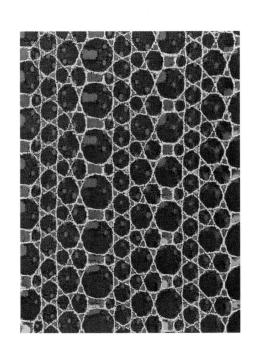

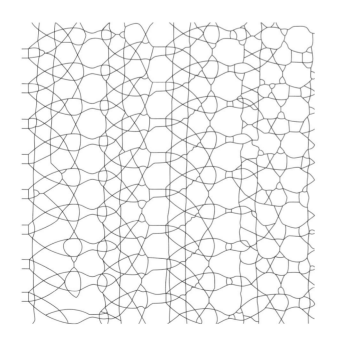

花纹平铺。整个图案以二方连续的方式平铺在面料上。通过交替重复，使得原本平面的旗袍表面呈现出流动感与立体感，与整体衣身颜色和款式设计搭配和谐，使旗袍具有现代时尚美感。

3.20

其他几何纹旗袍

（1）红棕色印花绢花环花窗纹旗袍

（2）红色印花绢水母纹旗袍

（3）红色粗织棉麻旗袍

（4）暗红色提花绸鱼鳞纹旗袍

（5）暗红色织锦几何纹旗袍

（6）深红色提花绸竹叶格纹旗袍

（7）红色织锦几何树叶纹旗袍

（8）黑色织锦网格纹旗袍

（9）红色印花棉格纹旗袍

（10）灰色印花绉几何花卉纹旗袍

（11）紫红色印花绉螺旋纹旗袍

（12）紫红色印花绸几何纹旗袍

（13）红色提花棉布几何花卉纹旗袍

（14）大红色织锦条纹旗袍

（15）红色织锦福寿团纹旗袍

（16）红色印花绸碎花几何纹旗袍

（17）红色缎回纹旗袍

（18）红色棉布碎点夹棉旗袍

（19）橙色织锦几何纹旗袍

（20）橘红色印花绸碎团花纹旗袍

（21）红色提花绸几何纹旗袍

（22）玫红色提花绉卷草纹旗袍

（23）桃红色印花绉碎团花纹旗袍

（24）红棕色印花绉波点几何纹旗袍

（25）橘色提花绉波点纹旗袍

（26）橘红色印花绸波点纹旗袍

（27）粉色提花缎几何团花纹旗袍

（28）米黄色棉布格纹旗袍

（29）土黄色织锦圆纹旗袍

（30）黄色提花绸万字纹旗袍

（31）棕色海浪纹夹棉旗袍

（32）深紫印花棉旗袍

（33）棕色缎碎点纹夹棉旗袍

（34）棕色织锦波点纹旗袍

（35）褐色提花绸竖条纹散点花纹旗袍

（36）藕灰棉圆点纹旗袍

（37）蓝白色提花绢格纹旗袍

（38）墨绿色暗花绸几何纹旗袍

（39）品绿色提花绸万字纹旗袍

（40）蓝色提花绸几何纹旗袍

（41）深蓝色提花绸几何云纹旗袍

（42）暗蓝色提花绸方格纹旗袍

（43）深蓝色提花绸方块纹旗袍

（44）暗蓝色提花缎圆形纹旗袍

（45）蓝色棉布竖条纹暗纹波点夹棉旗袍

（46）深蓝色印花绸几何纹旗袍

（47）蓝紫色织锦波点纹旗袍

（48）深蓝色缎波点纹旗袍1

（49）深蓝色缎波点纹旗袍2　　　　　（50）暗蓝色提花绸几何暗纹旗袍

（51）蓝色暗花缎几何纹旗袍　　　　　（52）蓝色棉布碎点旗袍

（53）蓝色棉布碎点夹棉旗袍　　　　　（54）靛蓝色印花绢波点纹旗袍

（55）深蓝色暗花绸条纹方格纹旗袍

（56）呼兰印花碎点纹旗袍

（57）宝蓝色印花绸几何花纹旗袍

（58）紫色缎几何条纹旗袍

（59）蓝色印花绉团花几何纹旗袍

（60）宝蓝色提花绸团花纹旗袍

（61）灰色粗织棉千鸟格纹旗袍

（62）黑白印花绢棋盘格纹旗袍

（63）黑色缎圆形回纹旗袍

（64）黑色印花绢几何纹旗袍

（65）棕色提花绢回纹旗袍

（66）棕色提花绢云纹旗袍

（67）深棕色提花绸半圆纹旗袍

（68）棕色暗花绸团纹旗袍

（69）黑色印花绸波点纹旗袍

（70）茄紫色织锦波点纹旗袍

（71）深棕色织锦波点纹旗袍

（72）深蓝棉印花菱形花纹旗袍

（73）棕色织锦草地纹旗袍

（74）茄紫色织锦矩形纹旗袍

（75）灰色印花绢格纹旗袍

（76）黑色编织棉麻条纹旗袍

（77）黑色印花绢格纹旗袍

（78）蓝色暗花缎团纹旗袍

（79）黑色真丝波点纹旗袍

（80）深蓝色提花绸波点纹旗袍

（81）黑色棉斑点纹旗袍

（82）蓝色真丝绢几何纹旗袍

（83）暗蓝色暗花绸条纹旗袍

（84）棕黑色织锦几何纹旗袍

（85）暗红色提花绸八宝纹旗袍

（86）黑色丝绒几何纹旗袍

（87）黑色印花绢星空点纹旗袍

（88）绿色提花绢格纹旗袍

（89）棕色真丝条纹旗袍

第4章
丝绸素雅，流光拂纱裙
——纯色旗袍篇

4.1

天蓝色提花绢旗袍

本件旗袍为20世纪40年代天蓝色提花绢旗袍。春秋季穿着，衣长及膝。前后片通裁不破缝。袖子长及手肘，袖型合体。衣身较为合体，侧腰、臀处稍有轮廓。领圈、大襟、侧摆、底摆、袖口等处有蓝色细包边。盘扣面料与包边面料一致。领底2粒一字扣，大襟和腋下处分别1粒一字扣，身侧8粒一字扣。

旗袍衣长104cm，胸围89cm，下摆宽104cm，领高5.7cm，袖长24cm，袖口宽27cm，裙身开衩32cm。裙身为天蓝色提花绢面料，里料为灰色真

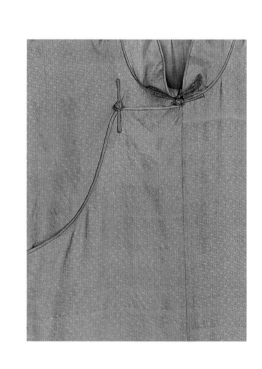

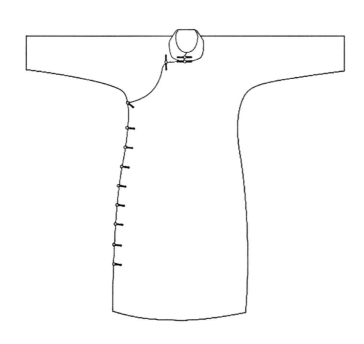

丝绸面料，面、里料等大，在侧缝处
缝合。整体风格较为简约，在服装结
构和装饰上采用了较为传统的设计手
法，充满了中华传统的韵味。

4.2
蓝色提花织锦暗
花卉纹夹毛旗袍

本件旗袍为20世纪30年代蓝色提花织锦暗花卉纹夹毛旗袍。秋冬季穿着，长度适中，衣长过膝。衣身较为合体，侧腰、臀处稍有曲线轮廓，臀部较宽，从臀部至下摆，衣身保持直落，且下摆轻微弧形。前后片通裁不破缝。衣袖部分有拼接，长及手腕，袖根与袖口的宽度保持一致。领圈、大襟、侧摆、底摆以及袖口均采用了与衣身相同面料的包边。系合处采用了一字扣，领底、胸前大襟、腋下各1粒一字扣，侧边则以6粒一字扣顺序排列。

旗袍衣长112cm，通袖长127cm，胸围95cm，

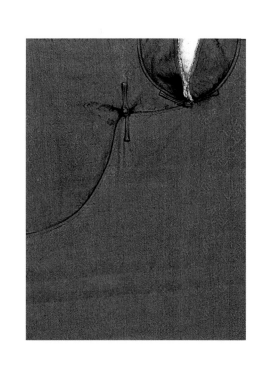

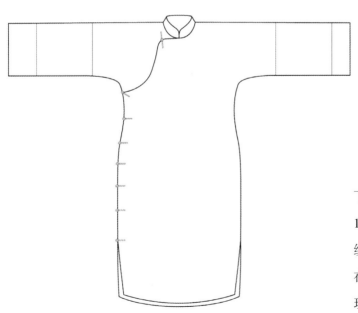

下摆宽107cm，领高4.5cm，袖口宽16.5cm，衩高28cm。面料为蓝色暗花纹提花织锦，里料为竖向条纹毛毡，在视觉上既显得古典雅致，又有一种现代的简洁感。

本件旗袍为20世纪40年代深蓝色提花绸夹棉旗袍。冬季穿着，衣长过膝。前后片通裁不破缝。袖长及手腕，袖型较为合体。衣身较为宽松，侧腰、臀处无明显轮廓。领边、领圈、大襟、侧摆、底摆及袖口无包边装饰。领底1粒一字扣，大襟、腋下各1粒一字扣，身侧3粒一字扣。

旗袍衣长111.5cm，胸围102cm，下摆宽101cm，领高3.5cm，袖长32cm，袖口宽13cm，裙身开衩31.5cm。裙身为深蓝色提花绸面料，内里夹棉，里

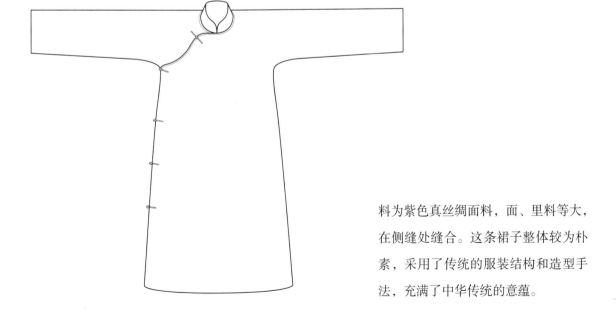

料为紫色真丝绸面料，面、里料等大，在侧缝处缝合。这条裙子整体较为朴素，采用了传统的服装结构和造型手法，充满了中华传统的意蕴。

4.4

淡黄色提花绢旗袍

　　本件旗袍为20世纪20年代淡黄色提花绢旗袍。春秋季穿着，衣长过膝。衣身宽松，侧腰、臀处无曲线轮廓，臀以下逐渐放宽，下摆稍有弧度。前后片通裁，后中线破缝。袖长及手腕，中部分割，袖根部到袖口逐渐放宽。领圈、衣襟、袖口处有同色宽缘装饰，旗袍整体廓型呈A字型。领圈、大襟处有黄色细包边装饰。领底大襟、腋下分别1粒一字扣，身侧3粒一字扣。

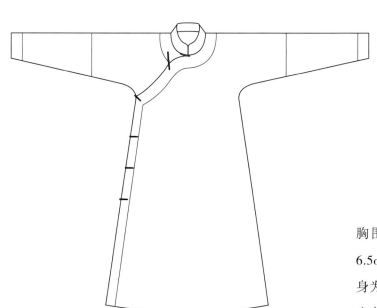

　　旗袍衣长124cm，通袖长164cm，
胸围88cm，下摆宽152cm，领高
6.5cm，袖口宽11cm，衩高46cm。裙
身为淡黄色提花绢面料，整件旗袍端
庄素雅。

4.5
玫红色丝绒旗袍

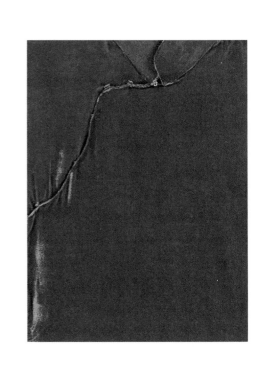

本件旗袍为20世纪50年代玫红色丝绒旗袍薄
款。春秋季穿着，衣长过膝。衣身较为合体，侧
腰、臀处稍有曲线轮廓，臀以下逐渐收窄，下摆稍
有弧度。前后片通裁不破缝，袖长及手腕，袖根部
到袖口逐渐变窄，袖口处有8cm的开衩，左右袖口
各装有三粒暗扣。领圈、大襟、侧摆、底摆、袖口
等处无包边装饰。领口1对挂钩，领底、大襟、腋
下共8粒暗扣。身侧拉链长24cm。

旗袍衣长115cm，通袖长134cm，胸围84cm，

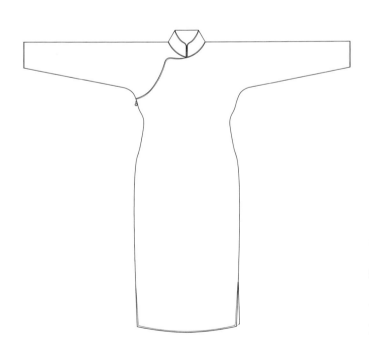

下摆宽82cm，领高6cm，袖口宽9cm，
衩高21.5cm。裙身为玫红色丝绒面料，
里料为玫红色真丝绸，面、里料等
大，在侧缝处缝合。

4.6

紫红色棉料旗袍

本件旗袍为20世纪50年代的紫红色棉料旗袍。春夏季穿着，衣长及大腿中部。前后片通裁不破缝。袖子过肩，袖型较为合体。衣身较为合体，侧腰、臀处稍有轮廓，臀以下竖直。领圈、大襟、侧摆、底摆、袖口等处有包边装饰。领底1粒一字扣，大襟1粒一字扣和1粒暗扣，腋下1粒一字扣。

裙身为紫红色棉面料，里料为玫红棉面料，面、里料等大，在侧缝处缝合。这款旗袍的包边辅料独特，由黑色和白色的花朵组成，黑白花朵相

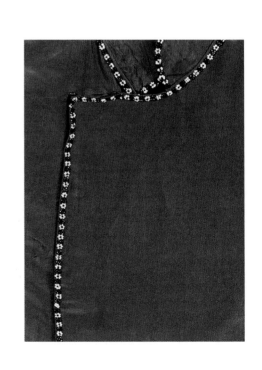

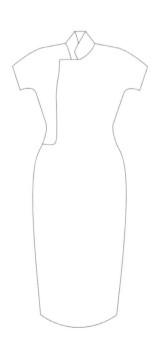

间排序，典雅又不失时尚，尽显东方
韵味。该裙整体较为朴素，在服装结
构和装饰上采用了较为传统的设计手
法，充满了中华传统的韵味。

4.7

蓝灰色真丝绸旗袍

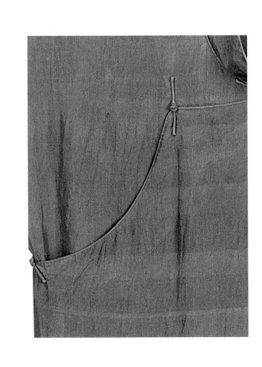

　　本件旗袍为20世纪20年代蓝灰色真丝绸旗袍薄款。春秋季穿着，衣长及脚踝。衣身宽松，侧腰、臀处无曲线轮廓，臀以下逐渐放宽，下摆稍有弧度。前后片通裁不破缝，袖长及手腕，袖根部到袖口逐渐变窄。领圈、大襟、侧摆、底摆、袖口等处有蓝灰色细包边装饰。领底、大襟、腋下分别1粒一字扣，身侧3粒一字扣。

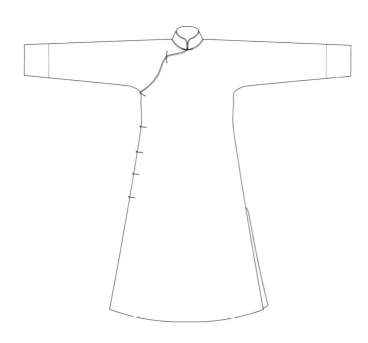

旗袍衣长136cm，通袖长168cm，胸围102cm，下摆宽160cm，领高5.7cm，袖口宽15cm，衩高51cm。裙身为蓝灰色真丝绸面料，无里料。

4.8

深棕色香云纱旗袍

本件旗袍为20世纪40年代深棕色香云纱旗袍。夏季穿着，长度中等，衣长过膝，衣身较为合体，侧腰、臀处稍有曲线轮廓，下摆有弧度。连肩短袖，领子较低。前后片通裁不破缝。领边、领圈、大襟、袖口、侧摆及底摆处有与衣身面料相同的细包边，领口、大襟、腋下各有1粒一字扣，身侧共有6粒一字扣。

旗袍衣长106cm，通袖长128cm，胸围85cm，下摆宽89cm，领高2cm，袖口宽18cm，衩高20cm。

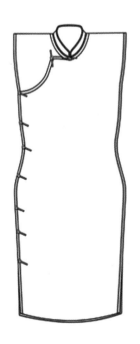

面料为深棕色香云纱，无任何花型，里料为咖啡色真丝绸，面、里料等大，两者在侧摆、底摆处均缝合。款式简单，没有多余的装饰，做工精致。

第 4 章

4.9

黑色丝绒旗袍

本件旗袍为20世纪40年代黑色丝绒旗袍薄款。春秋季穿着，衣长及膝。衣身较为合体，侧腰、臀处稍有曲线轮廓，臀以下竖直，下摆稍有弧度。前后片通裁不破缝，袖长及大臂根部，袖根部到袖口逐渐收窄。领圈、大襟、侧摆、底摆、袖口等处有灰色细包边装饰。领底1粒花式盘扣，大襟2粒花式盘扣、7粒暗扣，身侧拉链长24cm。盘扣面料与包边面料一致，形状模仿蝴蝶的轮廓，栩栩如生地呈现出蝴蝶的飞舞之姿，展现了独特的灵动美。门襟为双厂字襟。

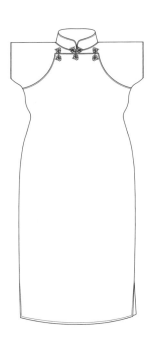

旗袍衣长104cm，通袖长54cm，胸围84cm，下摆宽81cm，领高5cm，袖口宽15.5cm，衩高13cm。裙身为黑色丝绒面料，里料为灰色真丝绸，面、里料等大，在侧缝处缝合。旗袍整体简约低调。

4.10

黑色丝绒夹毛旗袍

　　本件旗袍为20世纪40、50年代黑色丝绒夹毛旗袍，长度中等，衣长及膝。衣身较为合体，侧腰、臀处有曲线轮廓，臀部突出，前后片通裁不破缝，下摆处有弧度，袖长及腕，开衩较高，领边、大襟、侧摆、底摆及袖口饰有黑色包边盘扣，面料与衣身面料一致，领底、胸前大襟、腋下各1粒，衣身6粒。

　　旗袍衣长111.5cm，通袖长113.4cm，胸围102cm，腰围90cm，下摆宽101cm，领高3.5cm，袖口宽26cm，衩高23cm。裙身为黑色丝绒面料，里

料为棕色裘毛，面料手感柔软厚实，表面具有光泽感，里料保暖舒适，兼具美观与实用。旗袍整体呈现出古朴高雅的风格。

4.11

浅灰蓝色真丝绸旗袍

本件旗袍为20世纪40年代浅灰蓝色真丝绸旗
袍。夏季穿着，衣长及脚踝。前后片均破缝。袖
子长及手腕，袖型合体，袖口开衩处装有2粒暗
扣。衣身较为宽松，侧腰、臀处无明显曲线轮廓。
领圈、大襟、侧摆、底摆、袖口等处无包边装饰。
领底、大襟和腋下处分别1粒一字扣，身侧3粒一
字扣。

旗袍衣长136cm，胸围104cm，下摆宽160cm，

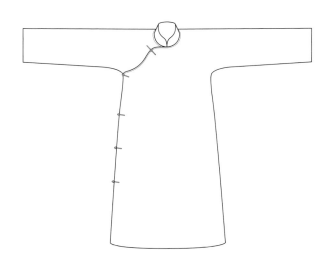

领高5.7cm，袖长12.5cm，袖口宽30cm，裙身开衩51cm。裙身为浅灰蓝色真丝绸面料，无里料。该裙整体较为朴素，在服装结构和装饰上采用了较为传统的设计手法，充满了中华传统韵味。

4.12

其他纯色旗袍

（1）酒红色真丝绸旗袍1

（2）酒红色真丝绸旗袍2

（3）红色针织棉旗袍

（4）橙黄色绢旗袍

（5）棕色绢旗袍

（6）土黄色厚棉布旗袍

（7）浅红色针织旗袍

（8）米黄色绢旗袍

（9）浅棕色真丝旗袍

（10）淡黄色棉旗袍

（11）粉色真丝旗袍

（12）浅绿色绢旗袍

（13）青色真丝绉旗袍 　　　　　（14）深绿色粗织棉麻旗袍

（15）暗绿色绢旗袍 　　　　　（16）暗绿色真丝绉旗袍1

（17）暗绿色真丝绉旗袍2 　　　　　（18）浅蓝色棉麻旗袍

（19）天蓝色棉旗袍

（20）蓝色棉旗袍

（21）深蓝色绢旗袍

（22）灰棕色绢旗袍

（23）暗蓝色毛呢旗袍

（24）浅棕色真丝旗袍

（25）深灰色棉夹棉旗袍

（26）黑色真丝绸旗袍1

（27）黑色真丝绸旗袍2

（28）黑色真丝绸旗袍3

（29）蓝色绢旗袍

（30）黑色真丝旗袍

第 5 章

旗袍的纹样题材与风格

5.1 旗袍的装饰纹样题材与风格

旗袍纹样作为旗袍最具代表性的特征，是最直观、最易辨认、最能体现旗袍设计风格的元素❶。民国早期，旗袍只有雏形时，旗袍图案的实现手法与清代服饰图案的实现手法大抵一样，旗袍纹样主要分为：几何纹样、植物纹样和动物纹样。这一时期，主要选择提花面料和刺绣丝绸，装饰纹样也与中国传统装饰纹样一脉相承。20世纪10年代旗袍还保留着封建阶级符号。直到1919年五四运动爆发，新思想带来的冲击使带有阶级色彩的旗袍逐渐消失，纹样的作用仅仅是美观、得体，符合当时文化变迁的潮流。

随着新思潮、西方先进文化的涌入，民国中后期，面料纹样也发生了很大的变化，且旗袍装饰纹样发生了较大变化❷，封建皇权色彩的纹样也随之被时代抛弃。由于国内服装业的进步以及西洋技术带来的高速发展，机器生产的超高效率以及花样丰富和价格上的实惠，接踵而来的是传统纹样被花样丰富的印染面料代替，这一现象代表了新旧旗袍纹样的更迭，传统手工艺慢慢被市场淘汰。另外受到西方"新艺术样式运动""装饰艺术运动"的影响，民国时期融合了西方艺术元素之后，传统旗袍纹样迸发出新的火花。与传统繁复工艺制作的传统面料相比，简洁的线条与图形更能体现当时的新思想与人民对于新生活和新时代的向往。几何纹的流行反映了民国时期东西方文化的"兼收并蓄"，展现了旗袍纹样中西方元素的形式美感❸。

5.1.1 传统装饰纹样题材

传统旗袍纹样历经中华文明历史长河的洗礼，承载着中国传统纹样的独特内涵和文化传统，通过织花、印染、刺绣等工艺技巧表达丰富多彩的装饰纹样。根据旗袍纹样内容，题材上主要分为三大类：几何纹样、动物纹样和植物纹样。以"几何"为主体的纹样，大多是由万字、盘长等几何纹组合成底纹，再配合主要纹样，表现出规律性和层次性的美感体现；以"动物"为主题的纹样，如凤纹、孔雀纹、鹤纹等都蕴含着浓郁的历史文化内涵，总体上表达了人们祛除灾祸和生殖繁衍的期许；以"植物"为主题的纹样，是常见的装饰性图案，大多由几种纹样组合而成，强调物象的意蕴内涵，以表达吉祥如意理念为目的；传统纹样被巧妙地运用在装饰艺术中，构成的生活化和民俗化倾向使得家用纺织品具有了独特的魅力，成为中国传统纹饰特有的主题，折射出了人们对于吉祥、幸福、长寿、平安等美好向往。

（1）植物纹样

植物作为时令节气中最具代表性的元素之一，其经久不衰的时尚特质和象征自然美的寓意是民国时期旗袍面料必不可缺的设计元素。植物纹取自大自然，也是旗袍纹样中最为常见且极为丰富的

❶ 佟志军. 旗袍在现代社会的地位及创新性研究[D]. 苏州：苏州大学，2007.
❷ 沈征铮. 民国时期旗袍面料的研究[D]. 北京：北京服装学院，2017.
❸ 刘可. 现代女性审美视角下旗袍的创新设计与研究[D]. 无锡：江南大学，2021.

一种纹样❶，以组合的形式作为装饰形象。传世旗袍中植物纹样多以花卉为主，草木果实为辅。其中最具代表性的有海棠、牡丹、菊花等花卉类植物纹样，松等草木果实类植物纹样。

民间的植物图案种类、风格多样，花卉植物中大多为写生式的花卉图案，多具装饰趣味，花形有团花、散花等样式，层次丰富。例如这件红色真丝绸旗袍纹样为菊花团花纹，由四种不同形状不同颜色的菊花组成一组单元。菊花细密的花瓣呈饱满的形态，写实的刺绣手法对菊花的自然形态达到了极大的还原，细节把控得十分精巧，将每朵菊花正在盛开的景象描绘得十分生动，不同形态的菊花组合在一起达到了丰富画面的效果，图案更有层次感（图5-1、图5-2）。

图 5-1 红色真丝绸菊花纹旗袍　　图 5-2 红色真丝绸菊花纹旗袍线稿

团花被视为中国传统文化审美的典型而被广泛使用于旗袍中，例如这件黄色编织旗袍通过编织技艺得到具有立体感且富有规律性的花卉纹样（图5-3、图5-4），该纹样为菊花团花纹样，每朵米白色菊花之间用棕色小花作为连接，简化的传统菊花纹规律性的排列布局和简约的设计呈现出精致典雅的效果，用编织技法体现出立体质感，展现了一种朴实无华的美，既保留了菊花本身的廓型特点，又融入了和谐美观的韵律表现。团花纹样造型紧凑，有团花包围，绿叶枝蔓作为点缀，有团团圆圆、和和美美的吉祥意义。

图 5-3 黄色编织菊花旗袍　　图 5-4 黄色编织菊花旗袍线稿

---

❶ 郑迎. 民国时期旗袍装饰纹样设计研究[D]. 武汉：湖北工业大学，2021.

这些植物纹样以多种形式出现：植物的单独形式、植物和植物的组合、植物和动物的组合、植物和几何形的组合。如图5-5、图5-6的旗袍纹样为牡丹凤凰组合纹样，纹样布局为散点式，纹样主要分布在旗袍中间，主图是两朵牡丹花，缠枝花纹点缀在周围，平衡空间缝隙。两只凤凰位于两朵牡丹花下方，形状大小各异的花朵分布在凤凰后面。纹样整体元素多样，布局巧妙，两种纹样融合得非常自然，图案极具故事性，旗袍整体呈现出新婚女子活泼娇俏的气质。

图 5-5　浅粉色凤穿牡丹纹旗袍　　　　图 5-6　浅粉色凤穿牡丹纹旗袍局部 1
　　　　　局部 1　　　　　　　　　　　　　　线稿

与花卉纹样相比，草木果实纹样在旗袍的纹样中应用相对较少一些，通常选取松树等有吉祥寓意的纹样元素，在使用上常与花卉纹样、动物纹样组合使用。例如蓝色织锦旗袍中纹样为松柏鹤纹，以深蓝色为底色，松柏和鹤用银线织制，松枝伸展、松针细密、枝条挺劲，松枝呈波浪弯曲形态，生动雅致；仙鹤展翅翻飞，穿梭在松柏之间，形成一种动态感。松鹤延年，有着长寿的象征，寄寓着设计者对使用者的美好祈愿（图5-7、图5-8）。

图 5-7　蓝色织锦松柏鹤纹夹棉旗袍　　　图 5-8　蓝色织锦松柏鹤纹夹棉旗袍
　　　　　局部 1　　　　　　　　　　　　　　局部 2

（2）动物纹样

民国时期旗袍中的动物纹样主要分为两大类：现实动物和神话动物❶。现实动物纹样大多包括

---

❶ 田自秉，吴淑生，田青. 中国纹样史[M]. 北京：高等教育出版社，2003：5.

孔雀、仙鹤等飞禽类；神话动物纹样以龙、凤为代表，与神话传说密切相关。代表了人们对美好生活的向往和对神明的崇敬。这些动物纹样的运用反映了人们对于大自然的崇拜与感恩之情的图案标志，或是人们对幸福生活和美好祝愿的艺术表现，具有浓厚的生活气息❶。

禽鸟形象在旗袍中的造型或站或展翅呈飞翔动态，而且各式飞禽纹样多与花草树石相伴相生。譬如玫红缎旗袍刺绣纹样为孔雀花卉纹，主体图案孔雀位于旗袍裙身左侧下摆处，孔雀造型生动体态优美，仿佛在枝头小憩，旁边有杜鹃花作为陪衬围绕着孔雀的外轮廓，两种纹样布局融洽，穿插自然。细致的刺绣细节还原了孔雀的翎羽纹样，丰富的色彩和精致的刺绣工艺体现出旗袍的明艳华丽（图5-9、图5-10）。仙鹤在古代被尊为羽族之长，有"一品鸟"之称。在中国传统文化中，世人常将鹤寿、鹤龄作为赞颂长寿之词，有着长寿的象征，寄寓着设计者对使用者的美好祈愿。如图5-11、图5-12中蓝色织锦旗袍中纹样为松柏鹤纹，均由银色丝线织成，图中的飞鹤向下弯着脖颈，呈展开双翅、飞翔的动态形象，体态轻盈典雅，银线刺绣将飞鹤的上身部分和翅膀部分描绘得非常细致，颈部细长、屈颈向下、回首俯瞰，表现写实。

图 5-9　玫红色刺绣孔雀旗袍局部　　　　图 5-10　玫红色刺绣孔
雀旗袍局部线稿

图 5-11　蓝色织锦松柏鹤纹夹棉　　　图 5-12　蓝色织锦松柏鹤纹夹棉旗袍
旗袍局部 3　　　　　　　　　局部 3 线稿

❶ 路瑶. 汉代漆耳杯动物纹样研究[J]. 大众文艺，2022（23）：38-40.

想象类动物纹样中最尊贵的代表是龙、凤。作为图腾崇拜，凤纹也常常出现在民国早期的旗袍中。凤纹在清代时为皇后的专属纹样，其在传统纹样中的地位非常之高。在封建王朝被废除之后，该纹样也失去其往日的意义，逐渐不再独特。凤纹雍容华贵、光彩照人，拥有女性所向往的品质，在往后的旗袍面料中还能经常看见。虽不及皇室使用时期那般华贵精美，却也因为没有严格的程式规定而灵活多变，形象朴实，表现出民间审美意识，以及市井人民对美好生活的祈盼。凤纹多与植物题材中的牡丹相配，构成"凤穿牡丹"的纹样，凤凰身披彩羽，身姿优美，优雅地穿梭在花丛之间。凤纹象征着富贵祥瑞，代表着人们对富足生活的向往和对上古神兽的虔诚。如图5-13~图5-16中的粉色旗袍纹样为凤穿牡丹纹样，图案中各个大小不一的凤凰形态各异，造型生动。凤鸟头部为单线弧线形冠，独特头冠十分具有特色。图5-13、图5-14中凤鸟仿佛向下俯形，姿态灵动优美，图5-15、图5-16中凤鸟昂首挺胸，羽冠与脖颈之间呈"S"形，展翅飞翔的模样栩栩如生。凤凰的动感姿态和娇艳欲滴的牡丹的组合和谐地呈现出旗袍整体呈现出活泼且轻松的气息。同样为凤鸟与牡丹的组合，但构图形式略微不同，这件浅粉色旗袍上的两只凤凰，分别位于旗袍斜襟处和旗袍左下摆处，并有少量的牡丹花朵纹饰缀在肩上、袖口和下摆处。图5-17和图5-18中的两只的凤凰都为多冠式凤鸟纹，头冠呈三角形扇状，尾部为复合式羽毛长尾造型，羽毛多为片状长叶。精致的盘金绣把凤凰的玲珑的姿态刻画得十分传神，凸显出凤凰翩飞起舞的气势，简约的布局和精美绝伦的纹样细节凸显出旗袍华而不俗的气质。

图5-13 浅粉色凤穿牡丹 纹旗袍局部2 　图5-14 浅粉色凤穿牡丹纹 旗袍局部2 线稿 　图5-15 浅粉色凤穿牡丹纹 旗袍局部3 　图5-16 浅粉色凤穿牡丹纹 旗袍局部3 线稿

图5-17 浅粉色凤穿牡丹纹旗袍 局部4 　图5-18 橘粉色刺绣凤凰纹旗袍 局部

（3）几何纹样

几何纹样不同于动物纹样和植物纹样的写实风格，它源于人类对自然物的概括和提炼，通过提取具体事物的主要特征得来。在旗袍纹样中，几何装饰纹样具有规律美和形式美的特点，简单的点、线组合与重复强调的几何形式在传统装饰纹样题材中被高频率使用。

在现有的传世旗袍中就有云纹、万字纹、回纹、十字纹、盘长纹和菱格纹等传统几何纹样，通常按一定规律排列、结构对称、交错呈连续纹样。如米白色织锦几何纹旗袍中的回纹是采用朝右上方斜纹排列，由直线、角线和点组成几何形状的交错延伸，每个单元的图形都相互连接，四方连续的排列产生规律性的美感（图5-19、图5-20）。简约设计强调了图案的个体，是几何纹样最为简单最常见的构图方式与纹样形式。灰蓝色提花绸暗云纹旗袍中所展示的云纹（图5-21、图5-22）不同于传统云纹的飘逸空灵的造型和散点式的布局，在布局上为平铺式的四方连续纹样，造型经过抽象简化之后保留了云纹的基本圆边特征，在原本基础上加入了长线条设计，以同样的手法设计出形态略有不同的云纹再进行四方连续的排列，变形后的云纹造型简约又不失趣味。

图5-19 米白色织锦回纹旗袍

图5-20 米白色织锦回纹旗袍线稿

图5-21 灰蓝色提花绸暗云纹旗袍

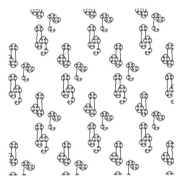

图5-22 灰蓝色提花绸暗云纹旗袍线稿

除去单独使用的几何纹样，几何题材多由交叠的色块与线条一并出现，或是与其他几何纹样组合表现。棕色织锦几何纹旗袍的纹样为四方连续菱格纹十字纹组合纹样（图5-23、图5-24），以斜纹格子为骨架，菱格纹位于双线交叉点处，十字纹巧妙地穿插在菱格纹之中，两种纹样完美结合，整体布局排列规整、秩序感强、层次丰富。以线、面组合方法的四方连续变形钱纹云雷纹组合纹样（图5-25、图5-26），整体布局十分饱满，以一个团形图案为组合单元，每单元四个角分布一个变形钱纹，四个钱纹之间用麻花形曲线连接构成一个方圆圈，再在中间点缀上云雷纹，使纹样更加完整，整个纹样的布局非常充实丰满，图案廓型与空间相互穿插挤压，相辅相成。

图 5-23 棕色织锦几何纹旗袍　　图 5-24 棕色织锦几何纹旗袍线稿

图 5-25 紫色变形钱纹云雷纹旗袍　　图 5-26 紫色变形钱纹云雷纹旗袍线稿

　　除了以自然物为题材的几何纹样，还有宗教符号题材的万字纹（图5-27、图5-28），该旗袍纹样为四方连续圆点万字纹，属于不同形状的几何纹组合出来的纹样，是以万字纹四方连续图案为骨架，圆点图形组合在特定的分支上进行点缀，以几何图形的组合纹饰来丰富画面效果，红色与紫色对比色的色彩纹样搭配减轻了传统纹样的沉闷与单调，适当地点缀出风格不同的纹样能达到削弱审美疲劳的效果，线、面搭配十分巧妙，纹样规整且秩序感强，层次肌理十分丰富。

图 5-27 紫色织锦几何纹夹棉旗袍　　图 5-28 紫色织锦几何纹夹棉旗袍线稿

单一题材的纹样也能丰富起来，更改骨架达到不一样的效果。如这件暗紫色织锦旗袍纹样（图5-29、图5-30）采用了四方连续交叉样式骨架，纹样为回形纹，由圆形和几何形组成回形框围绕着主回形纹交叉分布。几何条状图形连接交错，图形之间的过渡流畅自然。充满了对称美和精致美，构成巧妙，整体纹样古典精美。

图 5-29　暗紫色织锦回纹夹棉旗袍　　　图 5-30　暗紫色织锦回纹夹棉旗袍
　　　　　　　　　　　　　　　　　　　　　　　　　　线稿

几何题材的纹样组合形式多样，或与植物纹样、博古器物等其他纹样组合表现，如这件深绿色织锦旗袍纹样布局构成形式丰富，以缠枝纹为主，盘长纹、如意纹、宝相花纹、云纹、博古纹穿插其中。缠枝纹的枝干描绘成卷草波纹状，枝蔓流转，舒展优美；盘长纹、如意纹、博古纹在云纹的点缀辅助下穿插自然；宝相花纹，穿插回旋，饱满盛开，富有层次。纹样整体主次分明，排列协调，结合相得益彰，其纹样生生不息的吉祥寓意，体现了民间对美好生活的祝愿和向往（图5-31、图5-32）。

图 5-31　深绿色祥云盘长纹旗袍　　　图 5-32　深绿色祥云盘长纹旗袍
　　　　　　　　　　　　　　　　　　　　　　　　　局部

5.1.2　中西交融下的装饰纹样风格

随着西方文化进入中国，在西方文化与中国文化的交融中，中国面料纹样也发生很大的变化，逐渐向西方文化发展[1]。鸦片战争以后，随着欧洲纺织品大量地进入中国市场，其图案风格也逐渐

---

[1] 沈征铮. 民国时期旗袍面料的研究[D]. 北京：北京服装学院，2017.

影响着中国平民的日用纺织品和服饰面料。民国时期，中国纺织品纹样越来越多地受到西方艺术影响。例如，在19世纪末、20世纪初，欧洲举行的"新艺术运动"中，强调自然、清新的样式，否定传统矫揉造作的艺术风格。这次运动影响深远❶，其不但影响到中国近代的平面设计，也影响到纺织品纹样的设计，特别是在旗袍印花纹样之上多有体现，其中多以动物、植物为代表，虽然与中国人喜闻乐见的传统主题不尽相同，但其强调装饰的倾向却是中国人易于接受的，使人们感受生活中最亲近的一面。另外，"装饰艺术运动"最早流行于20世纪初，源于巴黎的装饰和建筑设计风格，它并非趋向于某一种特定的风格，要在装饰的造型和色彩上展现出一种现代的感觉，营造出一种简洁、实用、有规律和秩序的美感❷，这种西式纹样的表现形式也越来越多地呈现在海派旗袍的设计上，并颇受喜爱。

（1）"新艺术运动"纹样（卷草纹、花卉等题材）

"新艺术运动"风格的纹样以简约的形式结构和浪漫优雅的氛围著称，多使用蜿蜒曲折的线条，经常出现的题材有藤本植物、兰科植物、菊科植物等。"新艺术运动"纹样具有浪漫与感性的色彩，线条自由、流畅、夸张，抽象的造型常常从实物中游离出来，并且陶醉于曲线符号之中，这些特征在旗袍纹样的设计中亦有所显现❸。

传统纹样更钟情于主体花卉图案的运用，而藤蔓、枝叶等通常会作为点缀出现在图案中❹。以卷叶草为主体元素的纹样因极具流畅性并且有象征重生的美好寓意，逐步被人们接受和喜爱，"叶形为饰"也成为当时旗袍面料的一种主流纹样❺。民国时期流行"叶潮"，这是西方文艺风潮带来的影响。不同于中式的花朵纹样，更注重花本身细节的刻画和鲜艳的色彩表达，卷草纹具有曲线美的装饰优点，其富含生命内涵的意义也深受国人喜欢❻。以图5-33、图5-34为例，这款旗袍的纹样为缠枝玉兰纹，淡黄色丝线质感的缠枝纹蜿蜒曲折与红、蓝、紫、灰四色的玉兰交错在一起，玉兰花和枝干相互交织，形成相生相伴的景象，缠枝纹从花朵的底部开始生长蔓延，纤细的枝干不断向外延伸，曲折而又流畅的线条绘制出了生命之美。减少了花朵的样式，注重缠枝纹的线条，并不会削弱旗袍本身的魅力，具有生命力的藤蔓赋予了旗袍端庄、高贵的气质。除了花、叶共脉的呈现，也有花小叶大的精彩表达，如图5-35、图5-36所示的纹样，以红底白色小斑点为背景，不同色彩的卷草纹竖向整齐排列，形成一个四方连续的布局，同色系的小菊花，点缀在卷草纹旁边，西式的卷草纹为旗袍赋予了一种独特之美。

❶❷ 沈征铮.民国时期旗袍面料的研究[D].北京：北京服装学院，2017.

❸❹❺ 刘可，吴欣，牟洪静.民国旗袍纹样中的西方元素探微[J].艺术与民俗，2021（3）：33-38.

❻ 徐宾，温润.民国丝绸旗袍纹样装饰艺术探微[J].丝绸，2020，57（1）：62-66.

图 5-33　黑色织锦缠枝纹毛毡旗袍　　　图 5-34　黑色织锦缠枝纹毛毡旗袍
　　　　　　　　　　　　　　　　　　　　　　　　线稿

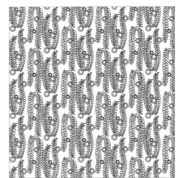

图 5-35　大红色卷草纹旗袍　　　　图 5-36　大红色卷草纹旗袍线稿

　　"新艺术运动"风格纹样具有的不对称特质，在很大程度上促使近代旗袍纹样突破了追求完整、圆满、崇尚对称的传统范式[1]。在传统中式具象花卉纹样模式上不求对称，如"枝叶"的构图形式逐渐大胆，运用自由的曲线技巧和流动的节奏韵律，反复组合使得花纹错落有致排列，如图5-37、图5-38中旗袍纹样，每朵大小相同的菊花再配合上"S"形走向，整体视觉风格增加了流律动感，整件旗袍具有灵动之感。花卉与曲线的结合既能表达出花朵图案精致的细节，也能赋予普通的四方连续式图案动感的韵律。如图5-39、图5-40中的旗袍纹样为玫瑰花卉纹样，以四方连续的方式平铺在面

图 5-37　黄色绸菊花纹旗袍　　　　图 5-38　黄色绸菊花纹旗袍线稿

❶ 龚建培．近代江浙沪旗袍织物设计研究（1912—1937）[D]．武汉：武汉理工大学，2018．

图5-39　黑色花卉纹旗袍　　　　图5-40　黑色花卉纹旗袍线稿

料上，玫瑰与弯曲的枝叶转曲波动灵动饱满，印花纹样运用油画的表现形式，其造型和色彩参考了西式审美，光影效果强调了花卉的真实性。油画质感的玫瑰纹样使得旗袍整体呈现出生动的美感。

　　"新艺术运动"风格纹样运用几何图案、方圆、直线曲线平面化的多样组合，将花朵与叶片轮廓抽象简化的同时加入其他元素的装饰❶，也在旗袍纹样中得以体现，如图5-41、图5-42中的旗袍纹样，叶片廓型简化，叶脉运用红色圆点整齐排列的形式去表达，不对称的叶片颜色及叶脉设计，为整体纹样增添了一丝活泼，枝叶旁运用抽象的线条组成几何组成小花装饰。整体纹样偏向手绘风格，有现代插画风格的影响，赋予旗袍奇妙的风格和精致感❷。

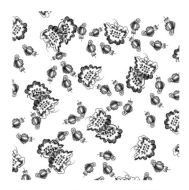

图5-41　卡其色几何叶纹旗袍　　　　图5-42　卡其色几何叶纹旗袍线稿

　　（2）"装饰艺术运动"纹样（抽象几何等图案）

　　随着社会的开放和西方文化的不断渗透，作为我国传统服装的旗袍，也不断被"装饰艺术运动"所影响，在吸收和借鉴中悄然变化，视觉上有较为直观变化的便是面料纹样❸。其独特的设计风格在旗袍纹样上得到了展现。在旗袍纹样中这个新兴的摩登艺术的特点主要体现在简洁的几何外形、清晰的边缘、流畅的线条。以机械式的、几何的、纯粹装饰的线条来表现，如扇形辐射状的太

❶ 刘可.现代女性审美视角下旗袍的创新设计与研究[D].无锡：江南大学，2021

❷ 左宏.海派旗袍纹样研究[D].南京：南京艺术学院，2009.

❸ 李燕，刘文.西方装饰艺术运动对民国旗袍纹样的影响[J].山东纺织经济，2018（11）：42-43.

阳光、齿轮或流线型线条、对称简洁的几何构图等。"装饰艺术运动"纹样在印花织物中大量出现，在提花织物中运用较少。"这种风格的染织纹样在上海等大城市中有较为广泛的应用。一些运用欧美传统组织或织法的纺织品，其纹样表现更多地受西方影响，西方纹样中的玫瑰、花藤和建筑风景等题材时有所见。纹样色彩追求柔和、素雅。在纹样的表现技法上更多地吸收了西方写生变化和光影处理的方法。"

民国旗袍纹样的革新也离不开"装饰艺术运动"，装饰设计的风格出现在20世纪20~30年代，在五四运动后，装饰艺术的风潮也吹到了在中国，几何元素是"装饰艺术运动"纹样最典型的代表，如条纹状、波浪状，多边形等。如图5-43、图5-44中的旗袍纹样款式，其面料麻织纹样为波浪几何纹，每一个小"s"状的波浪几何纹排成竖列，形成整齐有序的长波浪序列组合，在波浪的弧形处织出四条短直线。近看像是长长的波浪纹，远看像是格子纹，简约不简单。连续的波浪几何纹像是黄色海浪一样起伏有致，呈现出流畅惬意的感觉，图案整体简约富有变化。面料古朴的颜色和麻织方式使旗袍呈现出温婉之感。简约的图形需要细节的巧妙设计，方能体现出奇妙美感。如图5-45、图5-46所示的纹样，由粗细不同的红、浅灰、深灰、白四色长条纹组合而成，条纹粗细交错，简练而富有层次感，高饱和的色彩使粗细线条更加明显，细节精致处理巧妙，过渡自然，简约耐看。图案简洁明了，使旗袍呈现出大气的现代美感。

图 5-43　土黄色几何拼接波浪纹
旗袍

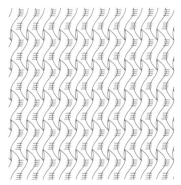

图 5-44　土黄色几何拼接波浪纹旗袍
线稿

图 5-45　红灰相间条纹旗袍

图 5-46　红灰相间条纹旗袍线稿

此外还一些几何形图案纹样也颇为流行，如三角形、四边形、钻石形及多边形❶，如图5-47、图5-48所示的纹样，为四方连续的方式几何图形组合纹样，远看都是小四边形，近看是不规则的曲线构成的四边形，其中还包括了圆圈、三角形等几何图形，纹样的排列方式也十分特别，单列竖向和单列横向的四边形序列交错形成格子骨架，每竖列隔两格，每横列隔一格，交叉的空格中填充长方形的四边形几何纹，这样的排列方式打破了几何纹原有的沉闷感，整体布局井然有序，图案细节趣味满满，纹样富有层次感和丰富度，使得旗袍整体呈现出摩登时尚之感和趣味感。

 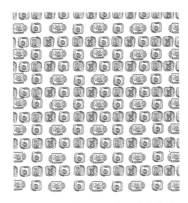

图5-47　几何方形组合纹旗袍　　　图5-48　几何方形组合纹旗袍线稿

民国时期的几何装饰旗袍纹样从图形形态上看，有代表吉祥寓意的符号化几何装饰纹样，如寿字纹、回纹、卍字纹等。如图5-49、图5-50所示的旗袍纹样就有典型的卍字纹图形，卍字纹的是一个类似古代银锭造型几何造型，两边的翅膀造型为蝙蝠纹样，蝙蝠纹与万字纹组合有"福寿连绵"的吉祥寓意，图案排列十分有趣，每个图案紧紧相嵌，没有丝毫空隙，但图案有序排列，整件旗袍庄重而不沉闷。

图5-49　深蓝色万字纹蝙蝠纹组合　　图5-50　深蓝色万字纹蝙蝠纹组合
　　　　　旗袍　　　　　　　　　　　　　　旗袍线稿

❶ 左宏. 海派旗袍纹样研究[D]. 南京：南京艺术学院，2009.

图5-51、图5-52所示的纹样为方形回字纹，没有复杂的设计，图案简单，线条分明，方形的回字纹环环相叠，简单的图形设计体现出布局的小巧思，每个回字纹横竖向错落整齐排列，点与点之间不相交，留出空隙，再用同样的纹样旋转45°重叠于第一层回字纹上，图案整体，错落有致，旗袍整体干练而简约，不失设计美感。回字纹独特的回旋样式决定了它可以与其他纹样组合的无限可能，如图5-53、图5-54所示的旗袍纹样，以不规则回形纹为底，有规律变化的黄、橙、蓝三色丝带形几何纹，横向整齐排列于上方，丝带的正面为柳叶纹样，为整个图案增添了一份中式的自然之美，整体设计透露着一种中西结合的时尚之美。

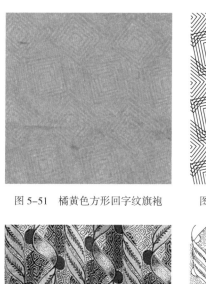

图 5-51 橘黄色方形回字纹旗袍   图 5-52 橘黄色方形回字纹旗袍

图 5-53 几何柳叶纹旗袍   图 5-54 几何柳叶纹旗袍线稿

5.2 旗袍装饰纹样构成形式与布局

5.2.1 单独形式

旗袍纹样的精髓不仅体现在图案上，纹样的布局也十分重要，如单独纹样布局，就是以单独的形式出现在旗袍的某个局部，或是多种图案构成纹样组分布在旗袍各个局部，单独纹样布局自由，没有局限，没有外轮廓和边框，变化较为自如，却也十分考验图案的细节刻画，其中在传世旗袍中单独纹样的呈现就十分精彩。上述的植物题材、动物题材等纹样构成也都采用此布局形式。如图5-55、图5-56所示的孔雀花卉纹，是适合纹样的单独呈现，主孔雀纹样位于旗袍裙身左侧下摆处，花卉纹分布在领口、袖口、肩头和门襟上，色彩丰富的丝线描绘出了孔雀华丽的羽翼与长尾，每根羽毛光亮鲜艳，花朵围绕着孔雀长尾绽放，衬托出孔雀的高贵与美丽。纹样整体精细重工，图案惟妙惟肖。

图 5-55　玫红色刺绣孔雀旗袍　　　　　图 5-56　玫红色刺绣孔雀旗袍局部

由两只动物组合作为一个单独纹样，也多见于旗袍中，如图5-57~图5-59所示的纹样主图为凤鸟纹，凤鸟纹位于裙摆左下角和门襟处，其中门襟处的凤鸟纹以单独形式出现，而裙摆处的凤鸟纹头顶上有两朵同色系的两朵菊花，两只凤凰姿态各异、优美灵动，没有过多花卉的装饰，整体庄重大气。

图 5-57　橘粉色刺绣凤凰纹旗袍　　图 5-58　橘粉色刺绣凤凰纹旗袍局部 1　　图 5-59　橘粉色刺绣凤凰纹旗袍局部 2

以植物纹样为主，动物纹样为辅的单独纹样，如图5-60、图5-61所示的凤穿牡丹纹样，主色调为粉色调，与前两款纹样相同的是在袖口和肩头均有单个小纹样装饰，不同的是主纹样位于上半身中间位置，主纹样为牡丹缠枝纹，两只凤凰纹样位于腰处和下裙摆处，凤凰飞翔在牡丹花丛中，两种图案相辅相成，十分和谐。凤凰翩飞起舞，牡丹娇艳绽放，细节刻画得栩栩如生，纹样整体布局松弛有度，变化自然。

图 5-60　浅粉色凤穿牡丹纹旗袍　　　　图 5-61　浅粉色凤穿牡丹纹旗袍局部

5.2.2　连续形式

传世旗袍中最常用的图形布局就是连续式布局，其构成形式多种多样，可分为四方连续和二方连续两大类，连续形式在旗袍布局中占据了更多的比重，其装饰性和节奏感给纹样带来了自然紧凑、和谐而复杂的美感。

二方连续形式呈左右或上下方向连续组成，在单元重复方式上方向单一且固定，循环排列，呈现出富有节奏和韵律的带状形式。如图5-62、图5-63所示的纹样为二方连续小鱼纹样，由两只小鱼面对面组成，上下方向每两列呈现出麻花辫式构成，左右方向呈现出波浪式构成，整体图案简约和谐。同样的手法对空间留白的把控和排列的不同还能有不同的表达，如图5-64、图5-65所示的纹样

图 5-62　小鱼刺绣旗袍　　　　　　图 5-63　小鱼刺绣旗袍线稿

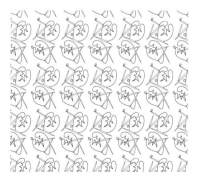

图 5-64　绿色双叶纹旗袍　　　　　图 5-65　绿色双叶纹旗袍线稿

为叶纹，由一个向右倒的叶纹和四片叶为一组的图案、一个向左倒的叶纹和三片叶针为一组图案，组成一个双叶纹，双叶纹再按上下方向紧密排开形成带状叶纹，带状叶纹最终向左右两个方向排开形成该纹样。图案整体文艺素雅使得旗袍呈现出小家碧玉的美感。带状的形式表达还有如图5-66、图5-67所示的纹样款式，该纹样为二方连续波浪纹，由一个小"s"状的波浪几何纹按竖方向排列成波浪带状纹，再按横向排出形成二方连续式图案，在留白处用四个小横线进行填充，曲线和直线的组合为简约的图形增添了层次感，图案整体依次排开，波浪的图形规律且有动感，将极简之美展现得淋漓尽致。横向的二方连续表达呈现出一种端庄之感，如图5-68、图5-69所示的纹样为二方连续菊花纹，菊花纹上下排开。每个单元由两簇菊花团组成，横向菊花团在下，竖向菊花团在上。整齐排列的布局使得精致华贵的图案更加沉稳大气。

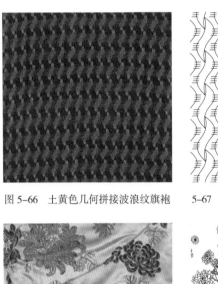

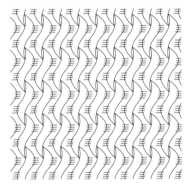

图 5-66　土黄色几何拼接波浪纹旗袍　　5-67　土黄色几何拼接波浪纹旗袍线稿

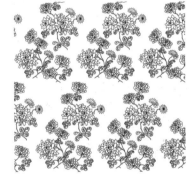

图 5-68　黄色绸菊花纹旗袍　　　图 5-69　黄色绸菊花纹旗袍线稿

四方连续构成是图案组按上下左右四个方向以设计距离拼接，达到无限循环的效果。四方连续纹样大致可以分为散点式、连缀式和重叠式[1]。散点式四方连续是以单位图案按一定距离有规律地进行穿插排列。整体图案留白较多，主体图案分明，能更好地突出纹样。如图5-70、图5-71所示纹样为散点式四方连续菊花组合团花纹，三朵菊花为一组图案和两朵菊花为一组图案相互穿插，每朵

❶ 陈之佛. 陈之佛全集. 1. 图案法ABC图案构成法[M]. 南京：南京师范大学出版社，2020.

菊花花瓣根根饱满有生命力，菊花抱团紧凑、朵朵饱满，仿佛即将盛开。图案细节十分精致，写实风格的刻画使图案整体蕴含着古色古香的诗画气息。旗袍中经常出现的框架有几何连缀、菱形连缀等。连续式四方连续图案紧密相连，有很强的秩序感，如图5-72、图5-73所示的蕾丝纹样以几何六边形形式连缀，主图案由六个五边形围绕一个小六边形组成一个大的六边形，每个大六边形又围绕六个由两个圆形和六个圆边三角形组成的圆形，图案贴边相连形成非常紧密的六边形骨架，图案井然有序，蕾丝面料的中和带来了一丝法式浪漫，旗袍散发着典雅时尚的魅力。如图5-74、图5-75所示的纹样为四方连续式回纹，纹样采用了四方连续连缀式的菱形骨架，主纹样为回形纹，通过穿插环绕达到菱形回形纹的效果，围绕着菱形回形纹的图形是圆形和回形曲线形组成的菱形框。回形纹回旋穿插形成完美的菱形框架，图案规律穿插、过渡自然、构成巧妙。整体纹样规律且丰富。

图 5-70　深红色真丝绸菊花纹
旗袍

图 5-71　深红色真丝绸菊花纹旗袍
线稿

图 5-72　几何六边形蕾丝旗袍

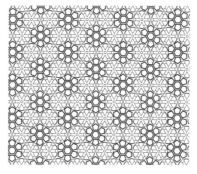

图 5-73　几何六边形蕾丝旗袍线稿

图 5-74　菱形回纹旗袍

图 5-75　菱形回纹旗袍线稿

重叠式四方连续通过两种形式的四方连续重叠达成，最下方纹样称为底纹，最上方称为浮纹。如图5-76、图5-77所示纹样为重叠四方连续，是由菱形连缀式四方连续和散点式四方连续组成。底纹为菱形连缀式万字纹，每个万字纹环绕相接形成菱形格骨架，浮纹是由两个大圆点为一组图案和两个小圆点为一组的图案组成的散点式四方连续纹，传统纹样和几何图形的组合富有趣味和观赏性。如图5-78、图5-79所示的面料底纹为连缀式格纹，粗细不一的线条以横竖方向穿插，形成低调且有层次感的格纹，浮纹纹样为散点式四方连续，由三颗果的樱桃和两颗果的樱桃组成，图案形象鲜明生动，呈现出活泼梦幻的视觉效果。

图 5-76　紫色织锦几何纹夹棉旗袍　　图 5-77　紫色织锦几何纹夹棉旗袍线稿

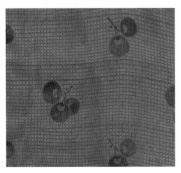 

图 5-78　紫色提花绢樱桃纹旗袍　　图 5-79　紫色提花绢樱桃纹旗袍线稿

5.3　本章小节

本章对旗袍纹样做了较全面的研究与分析，传统装饰纹样题材中多以寓意吉祥的纹样为主，到了封建社会后期，随着商品经济的发展与近代资本主义的渗透、融合，增加了新思想的传统纹样，其蕴含的意义也发生改变。对后续的纹样传承也有特殊性意义。到了辛亥革命以后，封建的服饰制度对纹样的限定已经无人执行，服饰纹样更多的是依照社会的习俗和审美准则，服饰纹样也因此由原本占主导地位的传统纹样开始慢慢减弱，外来纹样开始逐渐在人们的日常服饰中活跃起来。中西交融下的旗袍装饰纹样，结合不同的纹样构成形式，丰富了织物的肌理表现和肌理语言，满足了民国女性对于"新审美"的视觉探索与渴求，推动了旗袍纹样的创新。

第 6 章

旗袍的装饰元素

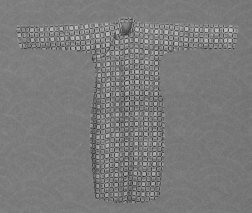

6.1 旗袍装饰元素概述

相比于装饰繁复华丽的传统旗袍，民国旗袍在继承传统的基础上，融入了西方服装剪裁与审美的观念，其保留了上下连属、大襟、下摆开衩等造型元素，同时缩小了服装的松量，使服装更加贴合身体，凸显出女性优美的身体曲线。民国旗袍的款式多变，领型、袖型、下摆及开衩高度等细节均随着时尚潮流的演变而不断变化，展现出旗袍的多样魅力。在这一阶段，旗袍逐渐成为女性主要的服饰选择，其优雅与实用的完美结合，深受当时女性的喜爱（图6-1）。

图 6-1　清代传统旗袍与近代民国旗袍

旗袍的装饰元素包括边饰、扣饰、门襟和开衩等，随着西方先进的服饰文化逐渐传入我国，通过借鉴其先进的设计理念和工艺水平，旗袍装饰得以发展。在这一阶段，旗袍面料种类繁多，印花织物逐渐增多；领口、袖口、下摆等部位的造型随着时尚潮流不断变化；装饰手法多种多样，边饰形式各异，但总体与清末的繁复镶嵌绲边相比，以简约为主，呈现出明显的区别（图6-2）。

旗袍装饰元素诠释了民国时期女性对旗袍美感与实用性的追求，同时也展现了民国时期匠人的艺术造诣和工艺水平，揭示了旗袍装饰与社会变迁、工业技术进步的紧密联系。原本单一的服饰通过装饰变得丰富多彩，适应不同场合需求。本章着重描写民国旗袍的边饰和扣饰，对其他装饰元素进行概述。

旗袍边饰是对旗袍面料边缘及接缝处进行的修饰和处理的装饰，常见于领口、颈圈、门襟、袖口、下摆及开衩等部位。此类边饰通常采用丝质绸缎或棉麻等材料，通过镶边、绲边（图6-3）、宕边、贴边等工艺手法制作。其表现形式和装饰风格随着社会审美观念的变迁而不断演变，已成为旗袍独特且重要的装饰元素之一❶。

盘扣在民国时期迎来了发展的黄金阶段。在民国时期，我国与世界各国的互动愈发频繁，盘扣

---

❶ 李雅靓. 民国时期旗袍缘饰的设计研究[D]. 北京：北京服装学院，2017.

这一旗袍门襟主要闭合部件，因其独特的装饰性与实用性，在国际时装界赢得了"中国元素"的美誉，并获得了广泛的认可（图6-4）。

图 6-2　灰色织锦碎花纹夹棉旗袍

图 6-3　灰色织锦碎花纹夹棉旗袍黑色细绲边

图 6-4　灰色织锦碎花纹夹棉旗袍花式盘扣

6.2　旗袍边饰

旗袍边饰是旗袍的核心元素，其装饰风格始终保持与旗袍整体的和谐统一。清朝时期，旗袍的审美观念以"装饰大于功能"为特点。然而进入民国时期，旗袍的设计开始兼顾装饰与功能。这一时期的旗袍边饰，摒弃了清末的繁华富丽，转而追求简洁的设计风格，色调淡雅清丽，整体装饰注重细腻自然，充分展现了当时女性的思想和个性，体现出女性审美意志的独立性。此外，民国时期的旗袍边饰借鉴了许多西式女装的装饰元素，具有先进性和包容性，为后世旗袍边饰设计奠定了基础并树立了典范。

6.2.1　旗袍边饰工艺

旗袍边饰是指用来装饰旗袍领、袖、襟、衩、摆边缘的布条或花边。旗袍的边饰可以分为以下几种：绲边、镶边、宕边、嵌边，其中，绲边又可分为单绲边，双绲边及多绲边（表6-1）。

单绲边是仅有一条绲边的工艺，其宽度可自由调整。将绲边条包裹在面料毛边上，并通过缝制将其固定。其中线香绲这种极细的边饰以其精湛的工艺和细致的做工广泛流行。线香绲的材质通常与旗袍的面料和里料相匹配，也可直接使用面料或软素缎绲边。在色系选择上，通常采用面料对比色系，以实现色彩强烈反差。

双绲边工艺是在一条绲边基础上再加一条与之搭配的绲边，二者宽度可相对调整。该工艺形式多样，包括等宽绲边、等窄绲边、外窄里宽绲边以及外宽里窄绲边等。在色彩搭配上，通常与面料颜色相关，两条绲边可选用不同颜色，实现协调柔和或对比鲜明的效果。

多绲边是在旗袍上排列多条绲边，宽度各异。排列方式有逐一排列和层叠排列两种。

镶边是通过将斜裁的布条两边进行折光并扣烫后制成镶边布条。在旗袍需要装饰的正面部位涂抹糨糊，再将处理好的布条紧密粘贴在糨糊处，最后使用暗针将镶边布条与衣片细密缝合，确保正面的外观整洁，不露针脚。

宕边是将细长布条镶缝在衣身上，一般在距绲边1~2厘米的位置固定，可形成波浪形或其他形状。

嵌边是指将包好棉绳的嵌线条夹缝在两块布片之间，形成细条状线条的一种边饰工艺。这种工艺通常用于旗袍的领圈，有时也结合镶边、绲边等边饰工艺用于衣襟、下摆及两侧开衩部位❶。

表6-1 边饰类型图解

边饰类型	图例	图示
单绲边	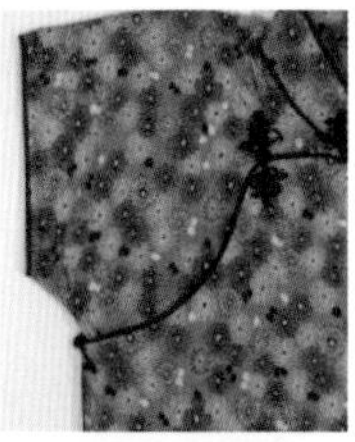	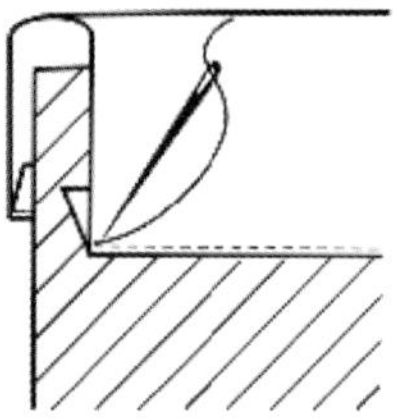
双绲边	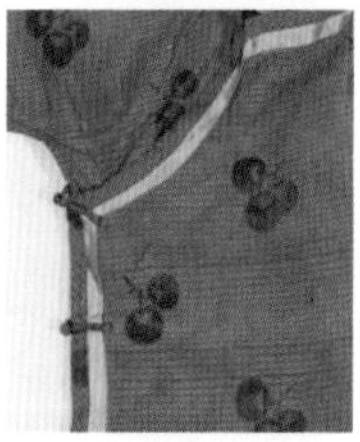	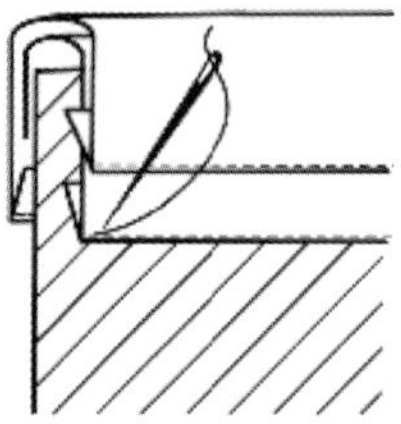
多绲边		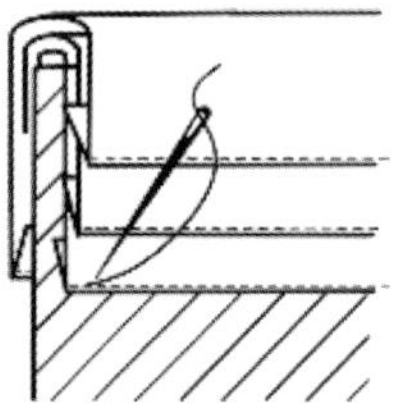
镶边	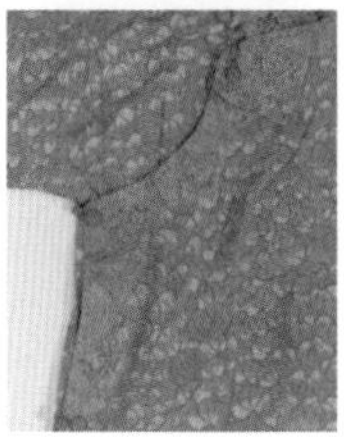	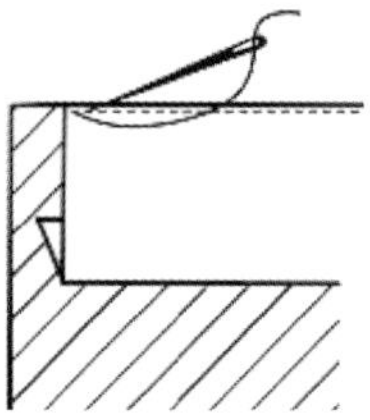

❶ 张中启. 缘饰在旗袍中的应用分析[J]. 国际纺织导报，2016，44（4）：56-58，60-62，64.

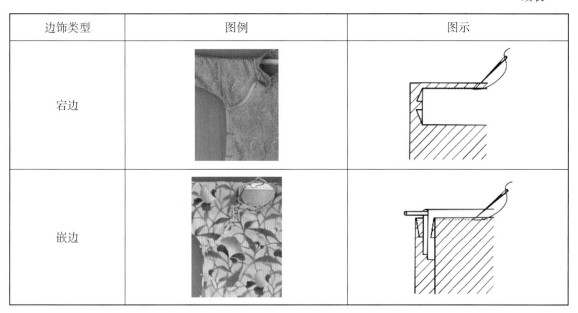

边饰类型	图例	图示
宕边		
嵌边		

6.2.2　旗袍边饰面料

民国时期，受我国染织产业的蓬勃发展和外来服饰元素的影响，旗袍的边饰面料相较以往更为丰富多彩。根据旗袍主体面料及设计风格的差异，边饰材料的选择与应用呈现出独特之处。

（1）与衣身面料一致的边饰

采用旗袍本身的印花面料或织锦面料作为绲边，既能突显强烈的装饰效果，又具备简便的制作工艺。这款紫色织锦樱桃纹旗袍，其绲边与衣身面料保持一致，呈现出简洁的装饰风格，并将视觉焦点转向新颖面料图案的运用，使之作在整体上更具连贯性与和谐统一。图6-5所示为紫色织锦樱桃纹旗袍局部，这件旗袍为双绲边旗袍，第一层绲边与旗袍衣身面料一致。

（2）与衣身面料不一致的边饰

与旗袍的衣身面料不一致以及各式各样的装饰机织花边的运用也相当广泛。此类旗袍边饰在面料选择上更为灵活多样的，穿着者可根据审美偏好自由搭配，从而营造出别具一格的装饰风格。图6-6为黄棕编织菊花纹旗袍，衣身面料为粗棉线编织，包边面料与衣身面料不一致。

民国时期旗袍设计中常见蕾丝花边，色彩单一，纹理清晰，花型丰富，质地轻盈，形成镂空装饰点缀于旗袍边缘，既凸显女性性感，又具有良好视觉效果，因此备受女性喜爱，成为民国旗袍经典设计元素之一[1]。图6-7所示旗袍为黄色印花缎碎花纹旗袍，于领圈、大襟、侧摆、底摆、袖口等处有黄色蕾丝宽镶边装饰。

---

[1] 张中启. 缘饰在旗袍中的应用分析[J]. 国际纺织导报，2016，44（4）：56-58，60-62，64.

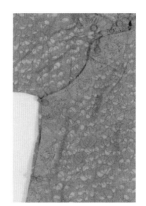

图 6-5　紫色织锦樱桃纹　　图 6-6　白棕编织菊花纹　　图 6-7　黄色印花缎碎花
　　　　旗袍局部　　　　　　　　　旗袍局部　　　　　　　　纹旗袍局部

6.2.3　旗袍边饰色彩

（1）单色边饰——邻近色

单色边饰，即旗袍边缘装饰由单一色彩构成，通过简约色调的线条勾勒，点缀在旗袍面料边缘，使旗袍整体风格和谐统一。此类边饰风格简约而大气，在民国时期的旗袍中颇为流行。

在邻近色单色边饰应用中，若色彩与相邻衣料相近，称为邻近色搭配，如红色边饰配粉色旗袍，浅色边饰配高明度旗袍。民国时期，这种搭配广泛应用于旗袍，与当时的淡雅柔和风格相符。

（2）单色边饰——对比色

在单色边饰对比色应用中，通过运用鲜明色彩的对比激发视觉感官，从而达到突出和强调的效果。同时，明度上的较大差异也能具有强烈的视觉对比效果。

在民国时期，旗袍的整体风格趋向素雅柔和，与清代高纯度、高对比度的色彩搭配相比，民国的边饰在色彩选择上显得较为低调，因此边饰经常采用明度对比，如黑、白等无彩色边饰，从而与淡雅的旗袍颜色形成柔和的对比配色（图6-8、图6-9）。

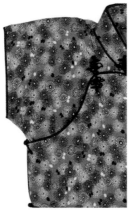

图 6-8　单色边饰——邻近　　图 6-9　单色边饰——对比
　　　　色旗袍　　　　　　　　　　色旗袍

（3）多色边饰

多色边饰在20世纪30年代旗袍中的应用尤为广泛。多色边饰是由两种或两种以上颜色组合而成的旗袍边饰。根据颜色种类及搭配方式的变化，可以呈现出多样的视觉效果，相较于单色边饰，其整体风格更具层次感。

图6-10　多色边饰旗袍

多色边饰的构成方式多样，既可以由单一边饰元素叠加而成，也能通过多种边饰元素组合形成。其色彩、面积、材质及组合形式不同不影响多色边饰的构成，因此，在旗袍中呈现两种或两种以上颜色的边饰均可称为多色边饰。与单色边饰一致，多色边饰也可分为邻近色和对比色（图6-10）。

6.2.4　旗袍边饰的组合形式

旗袍的各种边饰手法可组合搭配，如"一绲一宕"边饰，"两绲一镶"边饰等。旗袍边饰的组合形式取决于整体装饰风格的不同。简洁、大方的旗袍边饰由单一装饰元素构成，而华丽、夸张的旗袍边饰则由多种装饰元素组合而成。多元化的装饰元素与丰富的工艺技巧为该时期的旗袍赋予了独特的艺术魅力，展现出华丽活泼的装饰特色。

单一型组合边饰是由单一装饰元素依据特定规律组合而成，如多镶、多绲等常见形态。其装饰元素的规格和数量可根据装饰位置的不同进行调整变化，以适应不同的装饰需求。

多元型组合边饰是一种由多样装饰元素依据特定装饰规律组合而成的边饰，包括不同色彩、材质及工艺手法的装饰元素。如"一绲一宕"边饰（图6-11），"两绲一镶"边饰（图6-12）等。

图6-11　"一绲一宕"边饰旗袍

图6-12　"两绲一镶"边饰旗袍

6.3　旗袍扣饰

旗袍的扣饰因其制作的材质、构造和用途的不同，可被细分为盘扣、搭扣、暗扣、拉链和金属钮扣等多种类型。本书专注探讨旗袍上所使用的盘扣。民国时期男装的盘扣设计相对保守，多数延续了清代的一字直扣式样；然而在女性旗袍上盘扣变化丰富。特别是盘花扣，它不仅深受女性群体的喜爱，更在扣饰的制作工艺和造型设计上展现出极高的创意与匠心。相较于清代，民国时期的盘扣样式更为丰富多样。

6.3.1　旗袍扣饰造型

盘扣造型大体可分为两大类：直线型的一字直盘扣和曲线型的花形盘扣。一字直盘扣，以其简约直线设计展现出实用与朴素之美。而花形盘扣则以其曲线造型展现出丰富的艺术魅力。这些造型的多样性源于不同的创作题材，如对蝴蝶、蜜蜂、花卉等动植物自然元素的模仿的盘扣造型，体现了盘扣与生活民俗的紧密联系。在创作过程中，人们不仅注重造型的逼真，更追求神韵的传达。通过运用形式美法则对盘扣造型进行提炼与取舍，最终呈现出既生动简洁，又美观亮丽的盘扣艺术作品。

（1）一字直盘扣

直盘扣作为一种基础扣件，其主要结构为一条襻条编结成球状扣头和一根对折制成扣环，两根制好的襻条缝在门襟上，形成一字中间圆点形状，左右对称均衡。除一字直盘扣外，蛇形直盘扣、凤尾直盘扣等较为常见，尽管各盘扣整体造型一致，但编结技巧略有不同（图6-13）。

图6-13　紫色织锦樱桃纹旗袍局部

（2）盘花扣

除直扣之外，花扣的设计极为丰富多样，根据题材差异可划分为植物类、动物类、几何图案类等。盘花扣的设计往往与旗袍的图案紧密相连。盘扣设计中植物元素应用最为广泛，如梅花扣、菊花扣、桃花扣、花篮扣、树叶扣、组合花扣等多样式扣子。梅花扣寓意着坚韧傲骨，菊花扣象征着高洁傲霜，桃花扣代表着娇艳活力，花篮扣象征丰收美好，树叶扣传递出种清新自然的气息，组合花扣则将多种花卉元素巧妙结合。盘扣设计既展现了植物的自然美感，又融入了人们对美好生活的向往。

在盘扣动物题材中，一类是生活中常见的动物，如蜜蜂扣、青蛙扣、蝴蝶扣等，此外还有一些寓意美好祝愿的动物，如凤凰扣、仙鹤扣等。几何形盘扣以最基本的几何形态圆形为基础，通过卷绕的手法在各个部位重复盘制，形成类似蚊香状的螺旋形几何图案，并在此基础上，为其赋予相应的象征意义，如葫芦扣、四方扣、三耳扣等（表6-2）。

表6-2　盘花扣常见造型

题材类别	具体造型	图例	题材类别	具体造型	图例
植物类	菊花形		植物类	其他花型	
	玉兰花形				
	寿桃形		动物类	蝴蝶形	
	葫芦形				
	组合花扣		几何类	盘香扣	
	其他花型			双盘香扣	

6.3.2 旗袍扣饰色彩

（1）单色盘扣——协调

单色盘扣核心特点在于与服饰搭配出协调统一的美感。单色协调色盘扣与服饰面料可为同色系或近似色彩的搭配，如深色盘扣配低明度旗袍，绿色盘扣配青色旗袍等。当盘扣与服饰的色彩相同或相近时可实现整体服饰风格的统一与和谐，具有内敛的美感（图6–14）。

（2）单色盘扣——对比

在盘扣色彩搭配中，对比色运用极为广泛。当单色盘扣与服饰面料的颜色差异较大，形成色相或明度对比时，可使服饰色彩更具突出性，并具备更强的视觉冲击力。此类配色具有较强的装饰效果，与边饰搭配使用使旗袍线条更为显著（图6–15）。

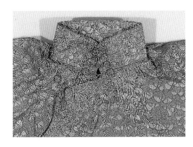 

图 6–14　单色协调色盘扣　　　　　　　图 6–15　单色对比色盘扣

（3）多色盘扣

多色盘扣是由两种及以上颜色制成的盘扣，分为嵌芯盘扣和无嵌芯盘扣两种。有嵌芯花色盘扣即用彩色的绸缎包上棉花，裹紧后嵌填在镂空之中，其嵌心颜色与襻条的颜色相近或相异，形成协调或对比关系❶。在无嵌芯花色盘扣的设计中，可分为三种构造形式：一是扣花的各个部分颜色各异，由不同色彩组成；二是盘花扣的襻条花色不一而产生色彩差异；三是以带有图案或色彩变化的襻条布料制成盘花扣（图6–16、图6–17）。

图 6–16　无嵌芯盘扣　　　　　　　　　图 6–17　嵌芯盘扣

❶ 蒋文文.传统盘扣的发展与当代应用的研究[D].沈阳：沈阳建筑大学，2019.

6.3.3 旗袍扣饰面料

棉麻材质盘扣历史悠久，自早期便出现并在民国时期广泛应用于旗袍上。棉麻面料具备坚固耐磨、洗涤便利的特点，所制盘扣风格朴素简洁，色彩素雅，彰显民族特色。

丝绸作为我国特有的服饰面料，历史源远流长，品类繁多，包括绸缎、绢绫、纺类、绒类等。丝绸制盘扣色彩绚烂，外观典雅，手感柔软。这类盘扣常与相同材质的面料搭配使用于服装之上，奢华精致。

盘扣面料的选用还依据造型的难易复杂程度，分为含铜丝与不含铜丝两种类型。不含铜丝的盘扣称作"软盘扣"，其造型更趋温厚、稚拙。而含铜丝的盘扣则更为硬挺，塑形效果更佳，常用于制作造型复杂的盘扣。直扣通常是不含铜丝的（图6-18、图6-19）。

 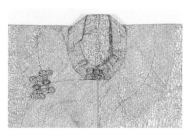

图 6-18　丝绸材质盘扣　　　　图 6-19　旗袍面料本身材质盘扣

6.4　旗袍其他装饰元素

6.4.1　旗袍的领

旗袍的立领俗称合领或竖领，领体直立于领圈之上，是其典型样式中的一大特色。这一元素深植于中国古老的服饰文化之中，历经繁复演变，终于在旗袍的发展历程中确立为标志性的设计。从最初的无领样式到明显的立领特征，旗袍在不断的变革中让立领成了其独有的时尚象征。立领具有较高的独立性，可以单独拆卸更换，其造型简洁、干净利落，彰显出旗袍的独特韵味。自20世纪20年代起，旗袍细节不断变化，20世纪30年代的旗袍领子高度经历了从低到高，再从高到低的历程，但高领是其最大特色。20世纪40年代初期，领子设计趋于简洁、大方，高度为原来的一半，至20世纪40年代中期则更低，有的不足一寸，直至20世纪40年代晚期领子高度才恢复至正常。

旗袍立领类型丰富，外观各异，常见的立领样式可根据形状和高度差异，大致划分为高领、中领、低领、方领、波浪领、凤仙领、水滴领等。立领类型的区分主要依据其形态、领尖和领座的变化，如方圆、曲直、大小、高低、松紧等为其具体判断内容。此外，20世纪30年代主流纸媒所刊登的时尚样式，亦包括融入西式荷叶领、翻领设计的旗袍（图6-20）。

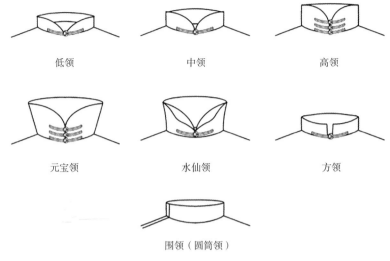

图 6-20　民国旗袍各种常见领型

6.4.2　旗袍的襟

　　旗袍门襟是兼具实用性与装饰性的衣身闭合方式，既是旗袍整体造型布局的核心分割线，也是其不可或缺的组成部分。在门襟设计中，优先考虑其穿脱便利性，同时需遵循独立且协调美观的设计原则。旗袍门襟种类多样，大体可分为单门襟与双门襟。单门襟可进一步细分为曲襟、斜襟、方襟等；双门襟则包括一字襟、八字襟等。最初，旗袍门襟中最常见的是八字襟，但因其穿脱不便，后来便发展为方便穿脱的大襟款式[1]。随着旗袍款式的不断创新，门襟的设计也呈现出诸多变化，如斜襟、如意襟、圆襟、琵琶襟等（图6-21）。

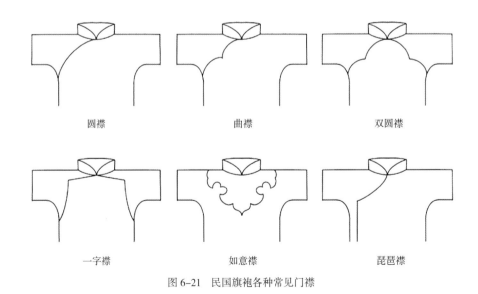

图 6-21　民国旗袍各种常见门襟

---

[1] 刘柳. 旗袍设计元素在时装中的运用[D]. 武汉：武汉纺织大学，2017.

6.4.3 旗袍的袖

作为旗袍关键元素的袖子，在每个历史时期均与社会经济发展的变迁同步呈现不同风貌。20世纪初，旗袍袖多为倒大袖款式，延续连身袖、七分袖的设计，喇叭状的袖口是其显著特色，引人注目。20世纪30年代初期，旗袍步入繁荣阶段，中西文化交融的改良旗袍应运而生，袖子设计逐渐收缩且贴合身体，显著特点是袖长逐渐缩短，位于手肘之上。20世纪30年代晚期，无袖旗袍流行起来。此时，旗袍袖长缩短至肩部下方两寸左右，夏季基本无袖。20世纪40年代，肩袖设计融入西方立体剪裁理念，方装袖样式得以呈现。与传统袖子剪裁不同的是，装袖先单独剪裁袖片，再与衣身缝合，从而使袖子更符合人体胳膊形态。同时，垫肩的出现使得肩部线条更加挺括，提升了旗袍的合体度，彰显了女性身材之美（图6-22）。

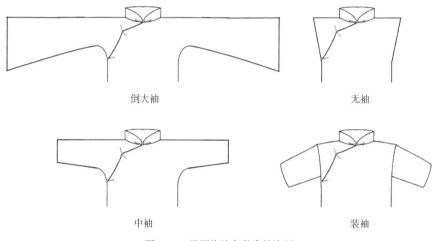

倒大袖 　　　　　　　无袖

中袖 　　　　　　　装袖

图6-22 民国旗袍各种常见袖型

6.4.4 旗袍的衩

旗袍的显著特点之一是其修身适体的板型，结合适度高度的开衩设计，展现出女性的优雅身姿。民国旗袍的衩不仅凸显了女性的曲线美，更赋予其从容自信的气质。旗袍开衩演变历程与中国女性的社会地位提升紧密相连，也是对服饰美学追求的体现。受开衩功能性与审美观念的影响，旗袍的底摆造型及开衩长度在不同时期呈现出多样化的特点。

从20世纪20年代中期膝盖以下的保守低开衩，到30年代初流行的高至臀部的高开衩，再到20世纪30年代末趋于合身且便于行动的膝下小腿附近的开衩，这些变化都反映了女性社会角色的转变。此外，开衩的设计也呈现出多种形式，如两侧开衩、单侧开衩、后开衩和前开衩等。这种简单而富有解放意义的服装结构，不仅凸显了中国女性婉约含蓄的气质，更展现了东方女性的独特魅力（图6-23）。

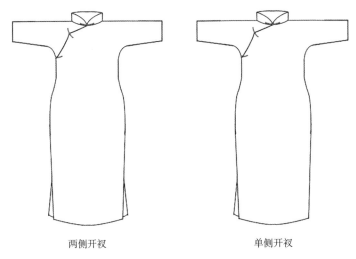

两侧开衩　　　　　　　　　　　单侧开衩

图 6-23　两侧开衩和单侧开衩

6.5　本章小节

　　本章详细研究了旗袍的边饰、扣饰以及其他装饰元素如门襟和开衩等特征。随着西方服饰文化、设计理念与工艺水平的引入，旗袍装饰在这一阶段迅速发展，领口、袖口、下摆等部位的造型和装饰手法呈现出多样化的趋势。首先，从工艺角度分析了旗袍的边饰，包括绲边、镶边、宕边和嵌边等各种形式及其组合造型。这些边饰在旗袍的制作中起到了装饰和实用的双重作用，提升了旗袍的整体美感。其次，对立领、襟型、袖型和开衩等其他装饰元素的发展特征也依时间顺序进行了总结。立领作为旗袍的标志性元素，其高度和形状在不同历史时期有着显著变化；襟型的设计在体现传统美学的同时，也吸收了现代设计理念；袖型的变化丰富了旗袍的款式，而开衩的设计则在一定程度上反映了女性地位的变迁和审美观念的演变。本章通过对旗袍装饰元素的详细分析，展示了这一传统服饰在现代化过程中所经历的变革和创新。

附录　浙江省博物馆展出旗袍

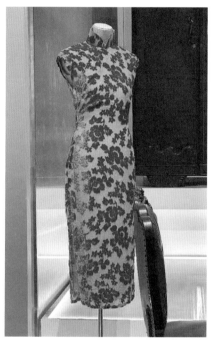

（1）红色丝绒玫瑰纹旗袍

（2）黄色方形回字纹旗袍

（3）棕色编织菊花纹旗袍

（4）棕色丝绸玫瑰纹旗袍

（5）淡黄色蕾丝几何团花纹旗袍　　　　　（6）淡黄色麻几何纹旗袍

（7）黑色缎花团纹旗袍　　　　　（8）黑色织锦缠枝纹夹毛毡旗袍

（9）蓝色真丝几何纹旗袍　　　　　（10）绿色提花绸叶纹旗袍